面白くて眠れなくなる天文学

有趣得让人睡不着的天文

[日] 县秀彦 著

刘子璨 译

北京时代华文书局

图书在版编目（CIP）数据

有趣得让人睡不着的天文 /（日）县秀彦著；刘子璨译 . — 北京：北京时代华文书局，2019.7（2023.7 重印）

ISBN 978-7-5699-3071-9

Ⅰ . ①有… Ⅱ . ①县… ②刘… Ⅲ . ①天文学－青少年读物 Ⅳ . ① P1-49

中国版本图书馆 CIP 数据核字（2019）第 107833 号

北京市版权局著作权合同登记号 图字：01-2018-6101

OMOSHIROKUTE NEMURENAKUNARU TENMON-GAKU

Copyright © 2016 by Hidehiko AGATA

Illustrations by Yumiko UTAGAWA

First published in Japan in 2016 by PHP Institute, Inc.

Shimplified Chinese translation rights arranged with PHP Institute, Inc.

through Bardon-Chinese Media Agency

有 趣 得 让 人 睡 不 着 的 天 文
YOUQU DERANG REN SHUIBUZHAO DE TIANWEN

著　者 | [日]县秀彦

译　者 | 刘子璨

出 版 人 | 陈　涛

选题策划 | 高　磊

责任编辑 | 邢　楠

装帧设计 | 程　慧　段文辉

责任印制 | 訾　敬

出版发行 | 北京时代华文书局 http://www.bjsdsj.com.cn

　　　　北京市东城区安定门外大街 138 号皇城国际大厦 A 座 8 层

　　　　邮编：100011　电话：010 - 64263661　64261528

印　刷 | 河北京平诚乾印刷有限公司　　电话：010-60247905

　　　　（如发现印装质量问题，请与印刷厂联系调换）

开　本 | 880 mm × 1230 mm　1/32　印　张 | 6.5　字　数 | 104 千字

版　次 | 2019 年 8 月第 1 版　　印　次 | 2023 年 7 月第 23 次印刷

书　号 | ISBN 978-7-5699-3071-9

定　价 | 39.80 元

自序

提到天文学，你会想到什么呢？是在天文馆听说的星座故事，是流星雨、日食，还是赏月？

在本书中，我将介绍魅力无穷的天文学精华。

月亮上也有山脉和海洋？

明明天上有数也数不清的星星，为什么夜空还是那样黑暗？

寻找第二地球的"宇宙文明方程式"是什么？

利用引力波探寻宇宙起源的奥秘……

天文学是一门十分有趣的学科，从流星、月球等我们十分熟悉的天体的奥秘，到遥远的宇宙起源之谜都是它的研究范围。

自古至今，天文学都是能够和音乐、数学相提并论的的古老学科。人们认为，天文学对于古人而言是一种极为重要的交流工具。

例如说，古代的两个人约定下次见面，但他们既没有手表，也没有电话，该怎么决定见面的地点和时间呢？这时候，古人就会通过相互告知月亮的圆缺、星星的位置，来向对方传达见面的季节、时间和地点。

天文学就是这样一种人与人之间相互联系的不可或缺的工具。

而近年来天文学的发展也是极为迅猛的。各位读者在阅读本书时，可能会感到书中内容和各位小时候看过的天文学图鉴、参考书已经大有不同。

如今有一门名叫"太空生物学"的学科备受关注。这是一门研究宇宙中生命的起源、进化、传播及其未来的学科，天文学、生物学、行星科学、地球物理学等诸多领域的学者都会参与其中。

"我们是谁，要向何处去？"

针对这个普遍的问题，如今人类正以天文学为立足点，一步步地揭开答案。

截至 2016 年，已经确认的太阳系外行星超过了 3500

颗[1]。我们也开始发现一些和地球规模相当的岩质行星[2]，或温度适宜、液态水丰富的行星。

我们凭借新一代望远镜"TMT"等具备超高性能的望远镜或太空望远镜，是有可能发现存在外星生命的太阳系外行星的。在不远的将来，发现我们生命的起源、与智慧生命体交流或许不再是一个梦想。

如此激动人心、令人心潮澎湃的学问，仅让天文学家独占实在太过可惜！各位读者们，捧起你们眼前的书本，让我们一起畅游这个让人惊喜异常的天文学世界吧。

县秀彦

---

[1] 截至 2021 年 10 月，科学家已发现的系外行星已突破 4500 颗。（编者注）
[2] 也称"类地行星"。（译者注）

目录

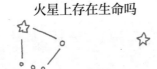

Part 2　有趣的天文学

有趣得让人睡不着的天文

Astronomy

Part 3

宇宙是多么不可思议

Part1

浪漫的天文学故事

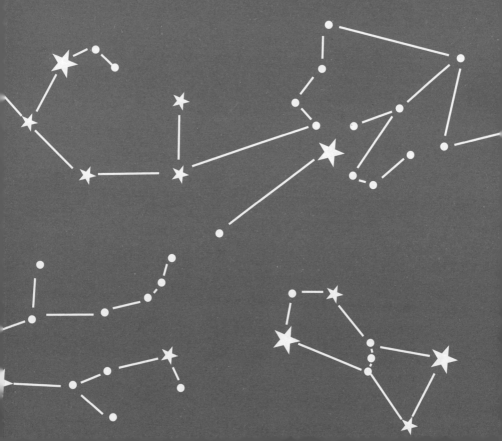

看到流星的方法

流星的真面目

你见过流星吗？

有人说，在流星消失之前许三次愿，愿望就能够实现。这种说法之所以会出现，恐怕是因为流星总是神出鬼没，没有人知道它会在何时何地出现，而且流星现身的时间也非常短暂。

实际上，流星发光的时间基本上只有 0.2 秒。0.2 秒的时间连许一次愿望都很困难。但是，天空中有时会划过被称作"火流星"的极为明亮的流星，它的存在时间可长达 1~2 秒。这时候就是许愿的好时机了，不要着急，安心许愿吧。

流星体是存在于宇宙空间中的直径 1 毫米到数厘米的尘埃，当它撞入地球的大气层时，与大气摩擦，就会气化发光，就是我们看到的流星。

　　流星体，也就是宇宙尘埃，它的精确质量并不为人所知。如果去收集地球外宇宙空间中的尘埃，就会发现，它们中的大多数并不像子弹或沙砾那样坚硬而致密。那些尘埃就像棉花或房屋内的粉尘一样轻柔。由此，人们猜测，大多数流星体的质量应该只有 0.1 克，最重也应当不超过 1 克。

　　流星体的质量还可以从它形成流星后在大气中发出的光能来估算。0.1 克到 1 克这个质量范围，和光能的估算结果以及所获得物质（尘埃）的质量推算值也基本吻合。

　　也会有少数质量较大的流星体未燃尽而掉落到地面上，这就是陨石。

流星的原理

　　流星可以分为偶发流星和流星雨两种。偶发流星会在何时何地出现，是完全无法预测的。而流星雨则是在某一特定时期出现，从同一个方向向四面八方散去。

◆ 流星雨产生的原理

流星雨发出来的方向被称为放射点（或称辐射点）。这一放射点位于哪个星座，则决定了流星雨的名字。

在彗星接近太阳时，彗星的通道（轨道）上会发射出尘埃。尘埃团如果和地球的轨道产生交集，那么在地球经过轨道交点时，无数的尘埃粒子就会飞入大气层。

每一年地球横穿彗星轨道的时机基本上都是一定的。因此，每年在特定的时期（某几天之内）会出现特定的流星雨。1月的象限仪座流星雨、8月的英仙座流星雨、12月的双子座流星雨被称为北半球三大流星雨，出现时期十分稳定，流星数目也很多。

而狮子座流星雨虽然在 2001 年出现过一次大爆发，但每年的流星数目会出现极大的差异。狮子座流星雨的母体彗星是坦普尔－塔特尔彗星，其公转周期约为 33 年，是一颗比较年轻的彗星，轨道上的尘埃也并不均匀，流星的数目有时多有时少。较为稳定、年年出现的流星雨，一般是围绕太阳公转一周时间较长的小天体释放出来的尘埃形成的。

较为稳定的流星雨，当数英仙座流星雨和双子座流星雨。

英仙座流星雨的母体彗星是斯威夫特－塔特尔彗星，其公转周期约为 130 年。双子座流星雨的母体彗星是小行星法厄同。虽然现在法厄同并不像彗星那样会产生许多的挥发性物质，但是人们推测它过去曾具有许多彗星的特征。

如何提高看到流星的概率

接下来，要讲解的是观测流星的方法。

观测流星并不需要单筒或双筒望远镜。使用望远镜的话，视线范围将会变得狭窄，并不适合一般观测流星的情况。观测流星时，肉眼观测即可。

◆ 每年出现的主要流星雨

流星雨名称	出现时间	极大期	母体彗星	出现量
象限仪座	1 月 2 — 5 日	1 月 3 — 4 日	未确定	★★★
天琴座	4 月 20 — 23 日	4 月 21 — 23 日	佘契尔彗星	★★
宝瓶座 η	5 月 3 — 10 日	5 月 4 — 5 日	哈雷	★★★
宝瓶座 δ 南	7 月 27 日—8 月 1 日	7 月 28 — 29 日	不明	★★
摩羯座 α	7 月 25 日—8 月 10 日	8 月 1 — 2 日	不明	★
英仙座	8 月 7 — 15 日	8 月 12 — 13 日	斯威夫特—塔特尔	★★★★
天鹅座 κ	8 月 10 — 31 日	8 月 19 — 20 日	不明	★
猎户座	10 月 18 — 23 日	10 月 21 — 23 日	哈雷	★★
金牛座南	10 月 23 日—11 月 20 日	11 月 4 — 7 日	恩克	★★
金牛座北	10 月 23 日—11 月 20 日	11 月 4 — 7 日	恩克	★★
双子座	12 月 11 — 16 日	12 月 12 — 14 日	法厄同（小行星）	★★★★
小熊座	12 月 21 — 23 日	12 月 22 — 23 日	塔特尔	★

※出现时间为流星雨出现较多的时期，在这一时间段前后也多少会出现。
　表中提及的为每年都会出现的流星雨。

Part 1 浪漫的天文学故事

　　首先，来到室外，让双眼习惯黑暗的环境，最少需要持续 15 分钟。人类的瞳孔在明亮的地方会变小，而在昏暗的地方则会变大，适应周围的环境需要一定的时间。每个人所需的时间不同，但是一般建议不要让来自地面的明亮光源（如水银灯、霓虹灯等城市照明灯，或汽车的前照灯等）的光线直接进入眼睛，并保持 10 分钟以上，这样一来，双眼的敏感度就会提高。

　　其次，我们无法预测流星会从天空中的哪个方向飞来。即使是流星雨，它的放射点也未必一定就在星座附近，因此不必在意观测地点。避开有霓虹灯或明亮月光的地方，观测起来会更容易。

　　流星雨中的流星，如果是自放射点附近飞出的，速度一般较慢，飞行距离也较短。而远离放射点发散出来的流星，通常移动速度较快，会在天空中划出一道长长的尾巴。因此，只要能够找到放射点的位置，就能够预测出流星雨会从什么地方，以什么样的速度向四面八方发散而出。

　　观测流星时，冬季要注意保暖，不要感冒；夏季要注意驱虫，避免被叮咬。最重要的一点，记得放松心情，尽情享受。

月球上也有山脉和海洋吗

探寻月球的起源

月球究竟是如何诞生的呢？其实，直到今天，人们都没能完全解开月亮诞生的秘密。

自古以来，关于月球的诞生就存在诸多说法。"同源说"认为月球是地球的兄弟行星，是和地球一起形成的。"捕获说"认为月球原本是一个偶然间飞过地球附近的小天体，被地球的引力所捕获后，开始环绕地球运动。这两种学说如今都已经被彻底否定了，只有"撞击说"较为令人信服。

现如今人们在探测月球时，也在不断寻找有关月球起源的证据。人类再次造访月球，将会是多少年之后的事情呢？不知道你想不想要去月球看一看呢？

自 1959 年苏联的"月球 2 号"撞击月球之后，美国和俄罗斯向月球发射了无数的无人探月器。美国在 20 世纪 60 年代至 70 年代实施的载人航天"阿波罗计划"，带回了许多月球上的石块。科学家对这些石块进行的分析表明，月球表面的成分和地球地幔的组成成分十分相似。

也就是说，在太阳系形成之初，一个体积与火星相当（质量约为地球的十分之一）的天体撞击了地球，破坏了地球表层，四散的撞击碎片迅速集合起来，最终形成了月球。

最近，人们还推测，火星的两颗卫星可能也是因为大碰撞而形成的。

月球上也有地名

继俄罗斯、美国之后，向月球发射探月器的就是日本。1990 年，日本宇宙科学研究所（现为日本宇宙航空研究开发机构，简称 JAXA）发射的"飞天"探测器证实了先进的绕行星变轨法（利用行星重力来进行加速的方法）。

不仅如此，JAXA 于 2007 年向月球发射了绕月卫星"月亮女神"，对月球进行了详细的调查。"月亮女神"的成果中十分值得一提的一项，便是它通过激光测高仪描绘出了极为精确的月面地形图。地形图的数据已经在日本国土地理院的网站上公开了。

◆ 月球的地形与主要地名

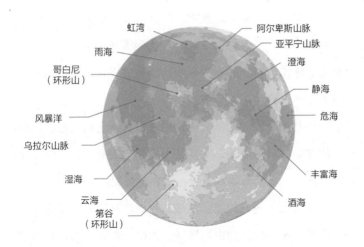

我们在用肉眼仰望月球时，能够看到月球表面有着黑色的斑块。这些斑块是月球上的一种地形，名叫"月海"。在日本，人们自古以来将其看作是月兔在打年糕的样子。在其他国家，有的地方把月海看作是螃蟹、女性的侧脸、读书的老奶奶、咆哮的狮子等，对月海的想象各有不同。

通过使用天文望远镜或双筒望远镜，我们能够看到月球上的环形山、山峰、峡谷等丰富多样的地形。但是你知道吗，这些地形分别有着自己的名字。

环形山是陨石坠落后形成的凹坑，每一座环形山都以天文学家的名字命名。其中，因其庞大而引人注目的便是"第谷"和"哥白尼"，它们并称为两大环形山。环形山上有着被称作辐射纹的呈放射线状延伸的亮带，更加凸显了两大环形山的存在。

而月球上隆起的部分叫作月球山脉。它们也常以地球上的知名山脉来命名，尤其是"亚平宁山脉"和"阿尔卑斯山脉"，它们都非常显眼，很容易观测。

令人感到意外的是，这些地形在满月的时候反而会看不清楚。在月球开始由圆转缺，太阳光斜照之时，月球表面的凹凸起伏被打上了光影，看起来会更加立体。

人类在月球上留下第一个脚印的地方，也就是"阿波罗 11 号"于 1969 年在月球着陆的地点，位于"静海"。虽然叫作"海"，但静海里并没有水。月海是由巨型天体撞击月球，使月球内部岩浆涌至月球表面后扩散形成的熔岩地貌。在月海形成后，又有很多陨石撞击月球，形成大小各异的环形山。

月球上闪耀着白色光芒的"月陆"部分凹凸起伏较为明显。因此，人类在第一次登上月球的时候，没有选择较为危险的"月陆"，而是选择在相对安全的"月海"着陆。

月球的内部是不均匀的

"月亮女神"的另一大成果，便是弄清楚了月球内部的密度分布。"月亮女神"仔仔细细地调查了月球整体的重力分布。探测器在绕月飞行时，在重力较大的地方会受到引力影响，飞得较低；反之，在重力较小的地方就会飞得较高。凭借这一方法，"月亮女神"找出了月球上重力较为异常的地点。

月球内部的密度越小，重力便越小；密度越大，重力也会越大。

调查结果显示，月球正面（面向地球的一面）与背面的重力分布存在明显差距。原因在于月球内部的构造并非像地球一样的同心圆，其内部结构分布并不均匀。

假设月球在形成时没有受到地球的影响，那么它应当同大部分天体一样，内部呈同心圆结构。这一事实也佐证了前面提及的"碰撞说"。

至今人们仍在继续分析"月亮女神"收集的庞大数据。"阿波罗号"在月球架设的地震仪的记录数据和"月亮女神"的数据分析表明了一个新的可能性，月球内部可能存在着和地球外核相同的液体层。

"阿波罗号"抵达月球之后，除美国、俄罗斯、日本之外，还有中国的"嫦娥1号"（2007年）、"嫦娥2号"（2010年）、实现月面软着陆的"嫦娥3号"（2013年）、实现首次月背软着陆的"嫦娥4号"（2019年），以及印度的"月船1号"（2008年）等许多探月器在调查着月球的奥秘。

北极星会移动吗

如何找到北极星

有一颗星星永远出现在天空中的同一个位置，那就是在正北的星空中闪耀的北极星[1]。它的英文名称是Polaris。它可谓是旅行者的"路标"，十分可靠。

但是，有多少人能在夜空中找到北极星呢？

在进行北天观测时，比较容易找出的便是北斗七星和仙后座。它们都是由许多明亮的星星以集聚的方式排列成特定形状，很少会被看错。尤其是北斗七星，它虽然是大熊座的一部分，但它的排列方式非常容易认出来。它有着

---

[1]　严格来说北极星并非位于正北，只是星空中距离北天极最近的一颗星。（译者注）

6颗2等星[1]和1颗3等星,组成了勺子的形状。

利用北斗七星,我们可以很轻松地找出北极星。顺着北斗七星中勺口外侧的两颗星的连线,将其向外延长约5倍的距离,能够看到一颗闪耀的2等星。它,就是北极星。

◆ 找到北极星的方法

有趣得让人睡不着的天文

Astronomy

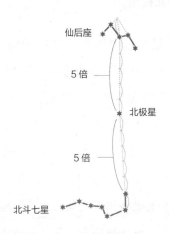

仙后座

5倍

北极星

5倍

北斗七星

---

[1] 为了表示星星的亮度,人们用"星等"给全天的星星划分了等级。星等值越小,星星就越亮;星等值越大,星星就越暗;肉眼可见的最暗的星为6等。(编者注)

而利用隔着北极星与北斗七星遥遥相对的仙后座，也能够找到北极星。仙后座呈"W"形状，亮度上较北斗七星稍弱，但也是一个比较容易找到的星座。通过上图所示的方法，能够利用仙后座找到北极星的位置。春夏两季的北斗七星、秋冬两季的仙后座在星空中会处于一个比较容易找到的高度，请务必尝试一下。

北极星是位于小熊座、距地球约 434 光年（1 光年为光在宇宙真空中沿直线经过 1 年的距离，约为 9460 万亿米）的恒星（像太阳一样能够自己发光的星体）。因为它位于北极点的正上方，所以即便地球自转，北极星的方向也不会变。北极星的正下方，也就是地图上所指示的北方。

通过北极星可以算出纬度

北极星能给人们带来的便利还不止于此。我们还可以通过北极星的高度计算出自己在地球上所处的纬度（北纬）。那么，就让我来介绍一下吧。

将手臂伸直，握紧拳头，这时一个拳头所占据的角度大概有 10 度。找到北极星之后，便可以用拳头的数量来测量北极星距离地面的高度。在东京测量的话，北极星大概有三个半拳头那么高；在北海道则是四个到四个半拳头；在冲绳测量应该是两个半到三个拳头。东京位于北纬35度，北极星的高度正好代表了当地的纬度。

◆ 利用拳头测量纬度的方法

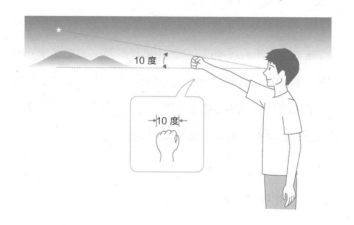

10 度

10 度

金字塔时代的北极星

埃及的金字塔虽然建于无法准确测量方向的年代，却刚好是按照正南、正北的方向修建的。这可能是因为他们利用星星作为标记来确定方向。那么，他们是否也利用了北极星呢？

◆ 北极星随着地球的岁差运动发生改变

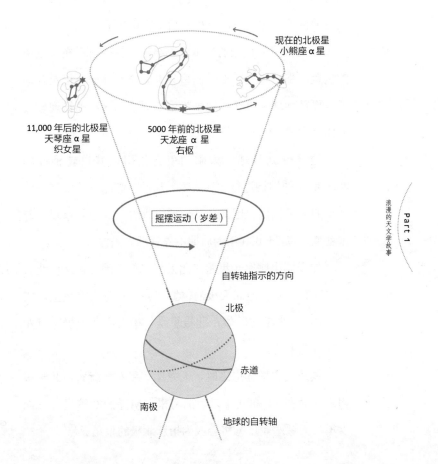

现在的北极星
小熊座 α 星

11,000 年后的北极星
天琴座 α 星
织女星

5000 年前的北极星
天龙座 α 星
右枢

摇摆运动（岁差）

自转轴指示的方向

北极

赤道

南极

地球的自转轴

实际上，吉萨大金字塔（法老胡夫之墓）建于公元前 2500 年前后，而如今的北极星当时正处于正北偏西 20 度左右的位置。难道说，北极星的位置移动了吗？

　　以北极星为代表的恒星并不会轻易改变自己在星空中的位置。那究竟是怎么一回事呢？其实，并非北极星移动了，而是地球一直在以地轴为中心摇摆。这种摇摆现象被称作"岁差"。

　　地球受到月球、太阳的引力作用，其自转轴以约 26,000 年的周期进行漂移。岁差运动与陀螺一边摇摆一边转动的样子很像。因此，从地球上来看，天上的星星看起来就像是以 26,000 年为周期不停移动着一样。

　　如今，小熊座 α 星距离北天极很近，因此被称作北极星（Polaris）。但北天极的位置上并非总是会有星星。实际上在 2016 年的时候，北极星是位于偏离北天极 1 度左右的位置上的。

　　埃及金字塔建造之时，天龙座 α 星右枢就曾在北天极附近。而在 11,000 年以后的将来，明亮的 0 等星——织女星（天琴座 α 星）将会成为指示北极的星星。

夜空中明明有无数星星，为什么还是很黑暗

奥伯斯佯谬

为什么到了晚上，天空会变得昏暗呢？

白天很亮是因为有太阳，晚上很黑是因为太阳下山了，月光和星光都比阳光要暗很多——乍一看，这是一个小学生都能够回答的简单问题。

然而，仔细琢磨一下就会发现，夜空如此黑暗其实是一件非常不可思议的事情。在宇宙中有着无数的星星。这无数繁星虽然看起来很小，但都在星空中占据了一席之地，在星星与星星的间隙中也一定有着更远的星星存在，整个星空应当布满了星星，明亮耀眼才对。

例如，当我们走到森林深处观察四周时，在每两棵树

之间都有更远处的一棵树填补树与树的间隙，所以我们完全看不到森林外面的景象。

◆ 夜空中布满了星星，就像森林中的树木一样

这一矛盾现象，借生活于 18 至 19 世纪的德国天文学家海因里希·奥伯斯（1758 — 1840）之名，被称为"奥伯斯佯谬"，是天文学上的一大难题。

夜空在理论上应该是明亮的

那么，让我们来了解一下星体的亮度。太阳比其他星体看起来更亮，并不是因为它有什么特别，而是因为它和我们之间的距离非常小。太阳的亮度为 -27 等[1]。

有一种表示星体亮度的单位叫作"绝对星等"。绝对星等指的是假设所有恒星都距离我们 32.6 光年时恒星的亮度，数字越小，星体越明亮。太阳的绝对星等是 5 等。这个亮度在宇宙中非常平凡。

星体的亮度与它和我们之间距离的平方成反比。例如，绝对星等为 1 等的星体如果距离我们 326 光年，它的距离就是 32.6 光年的 10 倍，亮度便是绝对星等的百分之一，看起来就是 6 等星。

反之，同一颗星星如果距离我们 3.26 光年，它的亮度就和-4等星（和金星亮度相同）相当，看起来会十分明亮。

那么，如果将整个星空中的星星都考虑进来，又会怎么样呢？

---

[1]　这里指的是太阳的视星等，具体为 -26.71 等。

假设天气条件良好，在星空较暗的地方，视力好的人凭借肉眼能够看到的星体的亮度为视星等 6 等。亮度在 6 等以上的星星，全天约有 5600 颗。全天约一半的星星在地平线之上，因此在晴朗无月的夜晚，我们凭借肉眼只能看到将近 3000 颗星星。

使用望远镜的话，又能看到多少星星，它们的亮度又如何呢？凭借望远镜，我们能够观测到比肉眼可见的 6 等星更暗淡的星星。即便只使用市面上流通的直径 8 厘米左右的天文望远镜，在理想条件下也能够看到 12 等星。这样一来，全天中可见的星星便有 200 万颗。

不仅如此，如果使用位于夏威夷的冒纳凯阿火山的 8.2 米口径的昴星团望远镜，我们可以看到 18 等星，那么在理论上是能够看到 3 亿颗星星的。

这样一来，奥伯斯的主张："虽然距地球越远星体亮度越小，但星体数量也会等比例增加，夜空应当是明亮的。"听起来仿佛没什么问题。但事实上，夜空是黑暗的。究竟是什么导致了这一矛盾呢？

探寻奥秘的种种学说

对于奥伯斯佯谬最为直截了当的解释便是，所有恒星都是以地球为中心按照一定规律排列的。也就是说，每一颗恒星都是排列在前一颗恒星之后的。

但宇宙的中心并非地球，恒星也并没有任何理由按照这种规律排列，因此这一理论被否定了。

而还有一种流传很久的说法认为，星体的光芒在传播到地球的过程中会逐渐减弱。其实，宇宙空间并非完全真空，而是散布着被称作星际介质的气体和尘埃，会吸收或散射星体散发出的光线中极为微量的一部分（被称作星际吸收）。

星际介质具体而言，指的是散布在恒星之间的分子云、暗星云等物质。其 99% 是由氢、氦组成的气体物质，其余约 1% 为碳、铁组成的尘埃，因为尘埃会吸收光，因此星体距离地球越远，光芒越弱。

星际介质沿银河系（银道面）大量分布，实际上我们凭借可见光确实很难彻底看到这一方向上存在的物质，但在银河系以外我们能够观察到非常远的地方。也就是说，单纯依靠星际吸收并不能完全解答夜空黑暗的问题。

推理作家解开的夜空奥秘

最早接近奥伯斯佯谬之解的人，是一位出人意料的人物，他就是 19 世纪的美国作家埃德加·爱伦·坡。因为《莫格街凶杀案》以及江户川乱步[1] 的笔名而在日本广为人知的这位作家，在晚年发表的《我发现了》（*EUREKA*）中这样写道：

假设星星是连续不尽的，那么天空的背景将因为众多星系而呈现一致的光亮——因为背景中不存在任何一处没有星星的地方。而在此情况下，我们仍能通过望远镜找到许多没有繁星的空虚之处。唯一的可能性便是，我们目不可视的背景距离我们过于遥远，那里的光芒直到如今仍未能到达我们面前。

[美]爱德华·哈里森著，[日]长泽工监译《黑夜：宇宙的一个谜》

---

[1] 江户川乱步，本名平井太郎，是日本最负盛名的推理作家、评论家，被誉为日本"侦探推理小说之父"，代表作有《恶魔》《孤岛之鬼》等。"江户川乱步"日语发音为"Edogawa Ranpo"，是埃德加·爱伦·坡的谐音。（译者注）

1929 年，美国天文学家爱德文·哈勃发现，距离我们越远的星系便以越快的速度在离我们远去。宇宙深处的星系的后退速度已经超越了光速，因此那里的信息是无法传播到地球来的。也就是说，正如爱伦·坡所考虑的那样，在宇宙中是有一堵墙（宇宙视界）存在的，因此我们无法透视到无限远的地方。

爱德文·哈勃
（1889 — 1953）

宇宙确实在发着光

宇宙中有墙吗？为了回答这一问题，让我们回到宇宙起源之时。

现在较为有力的大爆炸宇宙论是于 20 世纪 40 年代被提出的。大爆炸宇宙论认为，宇宙是在名为"大爆炸"的相变[1]中以火球的形态诞生的。宇宙在大爆炸之后不断膨胀，

---

[1] 物质从一种相转变为另一种相的过程。物质系统中物理、化学性质完全相同，与其他部分具有明显分界面的均匀部分称为相。与固态、液态、气态对应，物质有固相、液相、气相。（编者注）

产生了氢、氦等元素的原子核，电子在宇宙空间四处飞舞。电子妨碍了光子的前进，使得光无法直线传播，宇宙内一片混沌。

宇宙在不断膨胀的过程中，温度逐渐下降，电子的运动能量也随之下降，并被氢、氦等元素的原子核吸收。由此，一直以来被自由运动的电子妨碍的光子得以在宇宙空间内直线传播。这一瞬间被称作"宇宙放晴"。

那么，当时被释放到宇宙中的光怎么样了呢？

如果它是像如今肉眼可以看到的光（可见光）那样在宇宙中直线传播，那么对身处地球的我们来说，整个夜空应该都是明亮的。然而事实并非如此，这是有原因的。被释放的光因为"红移"转变成不可见光。

红移与多普勒效应

"红移"这个词对大家而言应该很陌生。大家在学生时代应该在物理课上学过"多普勒效应"这个词。

假设有一个物体正在放射声波或电磁波（光），它接近我们时，波幅较窄、波长较短；反之，在远离我们时，它的波幅较宽、波长较长，这就是多普勒效应。

◆ 红移与多普勒效应

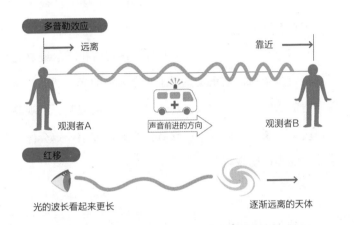

大家应该都听过救护车警报器的声音。救护车靠近时的声音听起来会比救护车经过后远去时的声音高。如果你在水池里看到了豉虫，一定要仔细观察它在水面上激起的波纹。豉虫前进方向的波纹间隔会较窄，它身后的波纹间隔会较宽。这也是多普勒效应。

星光也是同理。随着宇宙的膨胀，天体会逐渐相互远离。为此，在宇宙中被高速释放的光，从地球上来观察时，波长就会被拉长，看起来也会很红。这被称作"红移"。宇宙大爆炸之后的 138 亿年里，光的波长已经被大幅拉伸，如今的光不再只是红光，已经超过了红外线的领域，成了绝对温度（即热力学温度）约为 3 开（270 摄氏度）的微波，从宇宙的各个方向传播至地球。这被称作"宇宙背景辐射"。

1965 年，美国贝尔研究所的彭齐亚斯和威尔逊发现了宇宙背景辐射，它正是笼罩了整个天空的光。然而，随着宇宙的膨胀，它的波长已经达到了我们的双眼无法观测的程度。如果我们的双眼能够看到微波，夜空一定会像奥伯斯说的那样明亮。

星星的寿命很短

奥伯斯佯谬，也就是夜空之所以黑暗，还有另一个理由。想要仅靠肉眼可见的星光照亮夜空的话，现有的恒星的年龄（宇宙的年龄）太小了。

发现这一点的是活跃于 19 世纪下半叶的英国科学家威廉·汤姆森（1824—1907，后为开尔文男爵）。在宇宙中不断有恒星诞生，如果所有的恒星都能够永远闪耀下去，那么在理论上，夜空就会是明亮的。

然而实际上，能够闪耀的恒星的寿命为数千万年至数亿年，寿命较长的昏暗的恒星也不过百亿岁左右。在宇宙诞生之后的 138 亿年里，不断有恒星诞生，也不断有恒星死亡。因此，宇宙中的恒星不会无限增加，夜空也并不会被照亮。

汤姆森发现，仅凭恒星的光照亮夜空是不行的，因为恒星的寿命实在是太短了。他通过计算证明，如果不把宇宙扩大至如今的 10 万亿倍或极大地增加恒星的密度、延长恒星的寿命，那么夜空是不可能变得明亮的。

仅凭恒星无法照亮夜空这一事实，可以说也证明了宇宙和恒星的寿命都是有限的。

理论上，夜空应该是明亮的。不过，睡觉的时候夜空是黑暗的是正好的呀！

zzz…

勇者俄里翁的右肩消失之日

猎户座的红色 1 等星

日本人最为熟悉的天体排列，除了北天的北斗七星之外，据说就是冬日之王猎户座了。它由 2 颗 1 等星和 5 颗 2 等星组成，呈鼓形，形态极具特点，只要记住了就不会再忘记。

位于勇者俄里翁[1]腰带位置的参宿三星[2]从东方的地平线呈纵向排列升起，又呈横向排列经过南天高处。也就是说，随着星座的移动，它在东方、南方、西方的天空中

---

[1]　在古希腊神话中，俄里翁是一位年轻英俊的巨人，是海神波塞冬的儿子。他能在海面上行走，臂力过人，喜欢整天穿梭在丛林里打猎，有一条忠诚的猎犬紧紧随着他。死后，他化作了猎户座。（编者注）
[2]　也称"腰带三星"，指参宿一（猎户座 ζ）、参宿二（猎户座 ε）和参宿三（猎户座 δ），有时也称"三星"。（译者注）

被观测的角度也会不同。记得去观察随着时间变化而改变倾斜角度的勇者的身影哟。

　　猎户座中有一颗恒星，在不远的未来很可能会经历超新星爆发而备受关注。那就是猎户座的红色 1 等星参宿四。它和大犬座的天狼星、小犬座的南河三一同构成了冬季大三角，是全天中第九亮的恒星。

◆ 猎户座与参宿四

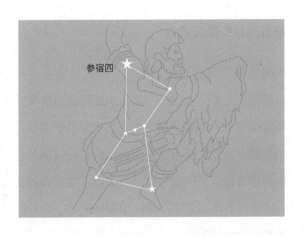

参宿四

　　一般而言，恒星在生命结束后会膨胀起来，形成红巨星。质量较小的恒星会变为行星状星云，然后成为白矮星；质量较大的恒星则会经历超新星爆发，最后成为中子星或黑洞（参见 79 页）。

参宿四是一颗直径约为太阳的 1000 倍的红超巨星。如果将参宿四放在太阳的位置上，它的大小甚至能够抵达木星附近。根据哈勃太空望远镜的观测可以得知，参宿四的直径每年都在发生变化，表面也并不平滑，而是坑坑洼洼的。人们由此判断，参宿四已经进入了生命的末期。从它的质量来看，它一定会经历超新星爆发，并由此结束自己的一生。

参宿四已经爆发了吗

人类已经目睹过超新星爆发。比如位于金牛座牛角处的蟹状星云（M1）就是于 1054 年爆发的超新星残骸。1054 年爆发之时，超新星的光芒在白天都能够看到，持续时间长达数天，歌人藤原定家在自己的日记《明月记》中将其作为传言记录了下来。这一次爆发，在中国的文献中也作为"客星"被记录了下来，但奇怪的是，包括欧洲各国却没有留下任何记载。

据预测，在我们所居住的银河系中，每一百年会发生一次超新星爆发。但不巧的是，在天文望远镜发明之后的四百年里，并没有出现明亮的超新星。

位于俄里翁右肩的参宿四自古以来在日本就被称作"平家星"，它和同样位于俄里翁左腿处的"源氏星"（参宿七）一样为人所熟知。

天文学家们正时刻关注着猎户座的高龄天体——参宿四迎来演化的末期。地球距离参宿四 640 光年。这将是人类历史上第一次目击如此近距离的超新星爆发。

这不仅会为我们揭开尚未完全弄清楚的超新星爆发的原理，还可能为"构成我们身体的元素究竟是从何起源"提供重要线索，人们对此抱有极高的期待。

我们甚至有可能在今晚就目睹参宿四爆发，不过大多数天文学家都认为它将会在百年内爆发。参宿四一旦爆发，将会在三四个月之内都保持着高达满月 100 倍的亮度，在白天也能够被人们清楚地看到。不过，在爆发四年后，它的亮度将降低到肉眼无法观测的程度，也就是说，巨人俄里翁将失去他的右肩。

然而，太阳系到参宿四的距离约为 640 光年。这一距离需要光传播 640 年才能抵达，因此即便参宿四发生了超新星爆发，我们在 640 年内都不会发现这一事实。因此，很有可能参宿四目前已经爆发了。

只能在旅途中看到的夜空

日本是天文台大国

眺望满天繁星——住在城市里的人是很难有这样的机会的。

在人造卫星拍摄的日本列岛的照片中，我们能够看到由路灯以及公路、铁路的灯光描绘出的日本列岛的轮廓。搭乘夜班飞机的人也可能会注意到，在日本绝大多数地区，即便是夜晚也会充斥着住宅、商业街、公路、运动场夜间照明的灯光。

也许有人想要离开日本，前往拥有美丽星空的新西兰和北欧各国。其实，哪怕不出国，在日本国内也有几处好地方能够欣赏到美丽的星空。

日本全国面向公众开放的天文台，也就是公共天文台有超过 400 家。公共天文台之多，可以说在日本形成了特有的文化。日本的邻国韩国，据说只有 50 家左右。除日本外的国家，一般提到"天文台"，能想到的就是一些大学、研究机构所有的研究设施。日本人也许是全世界最喜欢星星的。

全世界最大的公共天文台是日本兵库县的西播磨天文台。西播磨天文台有着全日本口径最大达 2 米的反射望远镜。通过它，人们可以观测到肉眼看不到的遥远宇宙。如果说西播磨的天文台是日本西部之最，那么群马县立天文台便是日本东部之最了。群马县立天文台也有着口径 1.5 米的反射望远镜。

日本最北端与最南端的星空

我曾经到访过的日本最北部的公共天文台是北海道名寄市立天文台。这是一家于 2010 年开放的市立天文台（位于北纬 44 度 22 分[1]）。这家天文台十分特别，经常举办各种各样的音乐演出。

---

[1]　位于相似纬度的中国城市有牡丹江、乌鲁木齐等。（编者注）

最令我震惊的是，天鹅座的 1 等星天津四一年之中从不会落到地平线以下。在日本的大部分地区，从夏季夜空的正上方划过的都是夏季大三角中的织女星，但在北海道，从正上空划过的却是天津四。

　　包括天津四在内的天鹅座中的星星的排列被称作"北十字"，在日本的多数地区，每到秋季，"北十字"便会从西方的天空落入地平线。但在高纬度的名寄，位于"北十字"顶端的天津四却是一颗永不降落之星，也就是一颗"周极星"。

◆ 在名寄的冬季夜空中看到的天津四

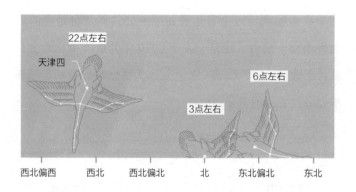

而我所到过的日本最南方的公共天文台是冲绳县石垣岛天文台。这也是一个很有特色的天文台，由石垣市、日本国立天文台等六方共同运营。

它位于北纬 24 度 22 分[1]，比北海道名寄的纬度要低 20 度。石垣岛天文台的特点便是口径 1.05 米的"Murikabushi望远镜"。"Murikabushi"在冲绳县的方言里是"昴"的意思。

到了春天，在石垣岛能够看到南十字星（到 6 月中旬之前都能够看到）。想要在日本看到整个南十字星，哪怕是在冲绳县也必须南下到石垣岛附近。距离太阳系最近的恒星半人马座 α 星也能够在石垣岛看到。

哪里能够看到北极星

全天一共有 88 个星座。在地球上不同经度的地区能够看到的星座虽然是一样的，但能够看到的星座随着季节会发生变化。而在不同纬度的地区，即便在同一个季节，

---

[1] 位于相似纬度的中国城市有台北、厦门等。（编者注）

能够看到的星座也是不同的。

例如，南天极附近的星星，必须跨越赤道抵达南半球才能看到。南天极附近的四个星座（南极座、天燕座、蝘蜓座、山案座）在日本是完全看不到的。

◆ 南天极附近的四个星座

与之相对的是，在南半球是看不到北极星的。站在北极点抬头向正上方看，就能看到北极星；而在赤道，北极星则出现在地平线附近。

在北半球如果迷路了，可以依靠北极星。因为北极星不仅能够指明方向，它的高度也能反映我们所处的纬度（参见 18 页）。

全天中具有 1 等星或 1 等星以上亮度的恒星有 21 颗。最为明亮的恒星是大犬座的天狼星，为 -1.46 等星，其次便是船底座的老人星，为 -0.72 等星。

然而，在日本北部是看不到老人星的，南十字座的 1 等星（十字架二、十字架三）在日本绝大多数地区也是看不到的。日本国内只有在石垣岛等八重山群岛才能够看到所有 21 颗亮星。

有些天体只有在特定的地点、特定的季节、特定的环境中才能观测到。在旅途中观测只有当地才能看到的天体，能够让人生变得更加丰富多彩。

火星上存在生命吗

火星大冲

夜空中闪耀着红色的星星。有一颗特别亮的红色星星，从太阳的轨道（黄道）附近自东向南运动，最终在西方落下，它应当就是火星。

火星在冬季会出现在金牛座、双子座等南天高空中的星座，夏季则会出现在天蝎座、射手座等南天低空中的星座。火星每 1.88 年（1 年 10 个月）绕太阳公转一周，而地球则是 1 年公转一周，火星和地球绕太阳公转的速度是不同的。

天体运行的路径叫作"轨道"。火星和地球都按照各自的速度在轨道上运行，每两年零两个月，太阳、地球和火星会排成一条直线。按照太阳、地球、火星的顺序排列时，就叫作"火星冲日"。这时火星会接近地球。因为火星位于太阳的对面，在火星冲日时，火星就会在夜晚的南方天空闪耀。

◆ 火星接近地球

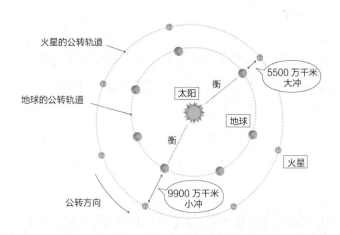

火星冲日之中火星最接近地球的时候叫作"火星大冲"。在大冲时，地球与火星之间的距离不过 5500 万千米。

而火星冲日之中地球与火星距离最远的时候被称为"火星小冲"。这时地球与火星之间的距离为 9900 万千米。即便同样是火星冲日，地球和火星之间的距离也有着很大的差异，这是因为火星的运行轨道是椭圆形的。地球的轨道严格来说虽然也是椭圆形的，但相比火星，地球轨道的离心率非常小。

2020 年是观赏"火星大冲"的好时机。一般在火星冲日时，火星看起来会比 1 等星稍亮一点，而在大冲时，火星看起来会大得、亮得吓人。大冲时的火星在历史上也引发了诸多骚动。

日本在 1877 年爆发了西南战争，同年 9 月西乡隆盛自尽。当时，火星与地球之间的距离为 5630 万千米。火星与地球成冲日之势，以 -3 等星的亮度在夜空中大放异彩。

赤红炫目的火星被当时的日本人称作"西乡星"。许多人宣称自己在火星上看到了西乡的身影，一时传言不绝。

寻找火星人

火星上有火星人吗？——有许多小说、电影都曾以此为题材，是一个令人兴致盎然的话题。

19 世纪末到20 世纪初，美国有一位资本家名叫帕西瓦尔·罗威尔。"有人在火星表面看到了运河"这一谣传使得他对火星产生了极大的兴趣。

　　当时，意大利天文学家夏帕雷利（1835 —1910）绘制了十分精细的火星素描。图中描绘了许多呈直线状的地形构造，夏帕雷利用意大利语中表达水渠之意的"canale"一词来称呼它。这个词被误译为英语的"canal"一词（运河），罗威尔也因此对火星上存在能够挖掘运河的高级生物——火星人一事深信不疑。

　　罗威尔花费了大量私人财产，在亚利桑那州建设了私人天文台，埋头观测火星。其实在距今大约 100 年前，有许多人都认为火星人是存在的。

　　结果，罗威尔在不知道火星人是否存在的情况下，怀着对火星文明的空想去世了。人类认识到"火星上不存在火星人"，还要等到 20 世纪 60 年代向火星发射探测器之后。

　　受到火星运河说的影响，英国作家 H.G.威尔斯[1]于 1898

[1]　赫伯特·乔治·威尔斯（1866 —1946），英国小说家、政治家、社会学家、历史学家，著有多部科幻小说，影响深远，代表作有《时间机器》《莫洛博士岛》《隐身人》等。（译者注）

年出版了《世界大战》（*The War of the Worlds*）。这是一部讲述具有比地球人更为发达的文明的章鱼形火星人进攻地球的科幻小说名作。40 年后，这部作品经著名导演奥逊·威尔斯之手，改编为广播剧播出。

这部广播剧于 1938 年在全美播出，以火星人进攻美国为故事背景。在节目播出时，虽然插入了许多次说明，解释"这只是广播剧"，但这部剧依旧在全美掀起了恐慌的狂潮。有许多听众以为火星人真的来进攻地球了。

不断深入的火星探测

广播剧在全美引发恐慌之后，到了 20 世纪下半叶，人类进入了开发宇宙的时代，无人探测器接二连三地到访火星。1964 年，美国发射了探测器"水手 4 号"，成功拍摄了世界上第一张火星的近距离照片。

"水手 4 号"发回的照片显示，火星上既没有运河，也没有生物的踪影。火星的大气密度为地球的一百七十分之一，平均气温为零下 23 摄氏度，环境十分严酷。然而，关于"火星上是否有生命存在"以及"火星上过去是否有生命存在"的争论，直到今天尚未得出明确答案。

火星看起来很红，是因为它的表面覆盖着铁锈，也就是含有氧化铁的沙砾。火星和地球一样，地轴倾斜了 25 度，因此也具有四季变化。火星稀薄的大气中的主要成分为二氧化碳。

至今为止，俄罗斯、美国、欧洲等国家和地区都发射了许多火星探测器。2011 年 11 月，NASA（美国航空航天局）发射了重约 1 吨的火星探测器"好奇号"，并于 2012 年 8 月成功在火星着陆。"好奇号"为六轮驱动，具备攀越巨大岩石的能力。

"好奇号"的火星探测成果显示，火星的岩石中含有黏土和硫酸盐。黏土是颗粒极细的硅酸盐，其中应当含有水分。我们可以推断出，含有这些矿物的岩石堆积起来的时代。火星表面的水源中不含有过多盐分，酸碱度比较接近中性。

在太古时期的火星上，是否覆盖着平稳无波的海洋，是否曾经有着适宜孕育出生命的环境呢？"好奇号"至今为止尚未发回类似于发现了沼气等有机物或生命痕迹的消息。但它今后的探测成果仍令人期待。

看到就会有好运的星星

冬季星空的看点

我最推荐大家抬头仰望的，是冬季的星空。冬天那晴朗、澄澈的夜空是极为美丽的。

冬季的星空也同样十分华丽，有着 7 颗 1 等星。其中最引人注目的便是位于东南方低空中的大犬座天狼星。天狼星是 -1.45 等星，距离地球 8.6 光年，离我们很近，在夜空中是一颗出类拔萃的闪亮恒星。

从天狼星顺时针看去，能够看到小犬座的南河三、双子座的北河三、御夫座的五车二、金牛座的毕宿五、猎户座的参宿七，将它们相连，便是被称作"冬季大钻石"的巨大六边形。而在这个六边形中，猎户座的参宿四还会闪耀着橙色的光芒。

◆ 冬季大钻石

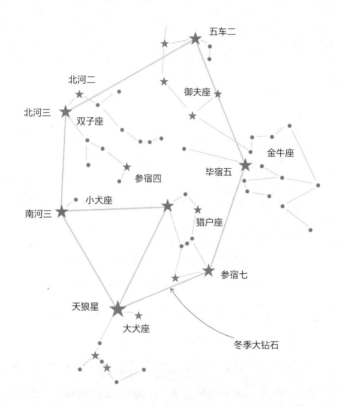

在地面上眺望夜空，除了月球与行星之外，勾勒出星座形状的恒星按照其亮度排序，排第一的是 -1.45 等的

大犬座天狼星，排第二的是-0.72等的船底座老人星，排第三的按顺序分别是0等的比邻星（春季）、大角星（春季）、织女星（夏季）。冬季的星空是非常豪华绚烂的。

然而被称为"南极老人星"的老人星，其实是想看也很难看到的。

寻找老人星

天狼星和猎户座的参宿四（红色1等星、0.4等），小犬座的南河三（0.4等）共同组成了"冬季大三角"，这三颗星星都很容易被观测到。而老人星虽然身为全天第二亮的恒星，却没有多少人见过它。因为老人星是一颗位于南方天空极低处，只在地平线上稍微冒出一点点头的星星。由此也产生了"看到老人星会有好运"的说法。

中国把老人星称作"南极老人星"，人们相信南极老人星在战乱时会隐匿，只在天下太平时出现。在看到老人星时，除了祈祷健康长寿以外，记得也要祈祷世界和平哟。

老人星基本出现在天狼星的正南（略为偏西）方向，比天狼星低三个半拳头（35度）的位置，因此在天狼星抵达正南方之前的时间是观赏老人星的好机会，必须在能够看到南面的地平线或海平线的开阔场所才能看到它。非常遗憾的是，在日本福岛县以北的地区很难发现它。

老人星的赤纬为 -52.7 度，北界限为北纬 37 度 18 分，差不多是日本福岛县磐城市附近。但地平线附近的星光被大气扭曲，看起来会比实际的位置更高。

◆ 找到老人星的方法

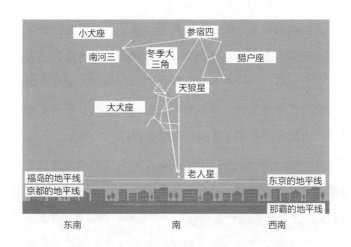

这被称作"大气折射"。考虑到大气折射，那么新潟市到福岛县相马市一线为老人星的北界限，认识的人告诉

我说，在山形县的月山也有人曾经看到过老人星。

1月末到2月中旬，天空较为澄澈，气候较为干燥，在东京也能够比较容易地看到老人星。

因为老人星的位置靠近地平线，比较低，它的光线经过大气吸收，不会有1等星那么闪亮。它的颜色原本是发白的，不过受到和夕阳相同原理的影响（光的波长很长），故看起来是呈红色的。在晴朗无云的夜里，记得要去尝试一下观测老人星哟。

清少纳言推崇的星星

在冬季夜空中还有一个希望大家去看的天体就是昴星团。平安时代的歌人清少纳言曾经在《枕草子》中记载过昴星团。昴星团在冬季的星空中是极具魅力的。

《枕草子》中是这样说的："说起星星，就要从昴星、牛郎星、金星和流星说起，但是流星的尾巴还是别被我们瞧见为好。"清少纳言最喜欢提起的天体是昴星（团）、牛郎星、金星、流星。

在金牛座最为醒目的红色1等星毕宿五的右上方不远处，在金牛座的背上有一团星星聚集在一起，那就是昴。

用肉眼观察时，昴星团看起来就像 6 颗星星堆在一起，因而也被称作"六星"。用双筒望远镜观察时，昴星团看起来就像是散落在夜空中的宝石一般美丽夺目。"昴"是日语，也就是和名[1]。国际上一般称之为"七姐妹星团"[2]，编号为 M45。昴星团是一个疏散星团，成员星都很年轻。

而在猎户座参宿三星下方，有一团看起来像是淡薄云彩的星云，那就是猎户座大星云。星星就是在类似昴星团这样的天体集团中，由这些气体的聚合体形成的。等星星到了一定年岁，它又会排出气体，结束自己的一生。在它排出的气体中，又会诞生出新一代的星星。

在很久很久以前，太阳和太阳系也继承了某一颗星星排出的气体，从而诞生，其后又孕育出了地球和我们这些生命。这样一想，再抬头仰望冬季的星空时，就会感受到自己和宇宙是紧密相连的。

---

[1] "昴"应来源于中国二十八星宿之一的昴宿，并非纯粹的日语名称。（译者注）

[2] 来源为希腊神话中的普勒阿得斯七姐妹。（译者注）

天体撞击地球之时

逼近地球的小行星

在 46 亿年的历史中，太阳系诞生至今曾经多次同其他天体发生撞击。幸运的是，人类至今为止尚未经历过来自大型天体的撞击。但在过去，天体撞击曾经导致恐龙灭绝，对地球上的生物造成了严重影响，甚至多次导致物种灭绝。

像电影《世界末日》《天地大冲撞》里那样，小行星、彗星等小天体撞击地球，在不远的未来是很有可能发生（应该说是一定会发生）的。

多亏了小行星探测器"隼鸟号"，如今有许多日本人都知道了名为"小行星"的天体就存在于我们身边。所谓"小行星"，指的就是太阳系内绕太阳进行行星式公转的天体中，除八大行星（水星、金星、地球等）之外的小天体。虽然它们都很难用肉眼观测到，但人们如今已经发现了超过 70 万颗小行星。

使用望远镜观测的时候，小行星看起来和普通的行星一样是一个点，但它们其实长得像是同为太阳系内小天体的彗星的放大版。不过近年来也发现了一些介于小行星和彗星之间的天体，小行星和彗星的区别也变得"暧昧"起来。

小行星中也有较大型的，被称作"矮行星"的谷神星，其直径也不过大约 950 千米。这一大小和日本列岛差不多，比地球要小得多了。绝大多数小行星的直径都在数十千米以内。而"隼鸟号"曾抵达的小行星"丝川"[1]，其直径不过 500 米左右。

这些小行星绝大部分都位于火星与木星之间的小行星带上，不过也有一些距离地球较近。"丝川"、"隼鸟2 号"正在前往的"龙宫"小行星 433 爱神星、小行星 1566 伊卡洛斯星等都属于这一类。这些小行星被称为"特殊小行星"或是"NEO（Near Earth Object，近地天体）"。

行星防御大显身手

人们认为，在 6600 万年前撞击墨西哥尤卡坦半岛，

---

[1]　即小行星 25143。（译者注）

导致恐龙灭绝的天体，可能是直径只有 10 千米左右的小行星。除小行星以外，拖着长尾巴的彗星也可能撞击地球。

在地球附近，还环绕着许多已经废弃的火箭和人造卫星，这些宇宙中的垃圾被称为"太空垃圾"。太空垃圾虽然比小行星和彗星要小得多，但每一年都在增加，很有可能撞击人造卫星或国际空间站（ISS），从而造成巨大的损失。监视 NEO、彗星、太空垃圾动态的工作就是"行星防御"了。

太空防卫基金会[1]依靠国际合作，不断发现并监视可能撞击地球的小行星、彗星等近地天体。受到 JAXA 的委托，在日本主要承担相关工作的是日本太空防卫协会[2]。

日本太空防卫协会拥有位于冈山县的"太空垃圾及近地小行星观测站"，也就是上斋原太空防卫中心和美星太空防卫中心。在世界范围内，美国、意大利、俄罗斯等国在行星防御上比日本更加积极。取得了显著成果的有新墨西哥州的 LINEAR（林肯近地小行星研究小组）、夏威夷的 NEAT（近地小行星追踪计划）等，这些都是利用程控望远

---

[1] 英文名称为"The Spaceguard Foundation"。（译者注）
[2] 英文名称为"Japan Spaceguard Association"。（译者注）

镜开展的巡天观测计划。

回避撞击的方法

那么，如果发现了将会撞击地球的天体，我们究竟应该怎么办呢？如果不想办法回避撞击，地球将永远没有明天了。

如果是彗星、小行星等小天体，我们并非不可能改变它的轨道（天体的运动路线）。只要稍微改变其轨道，便能够避免撞击到地球。人们研究了许多方法，最终发现无论如何，我们都必须将用于改变小天体轨道的太阳能电池、火箭发动机等安装在大型火箭上，并将火箭迅速送到小天体上。

将太阳能电池送入太空并在小天体上软着陆，撑起一张由太阳能电池板组成的巨大的帆，然后利用太阳能，像顺风而行的小船那样改变小行星的运动方向。或者发射火箭发动机，并使其在小天体上软着陆，通过点燃发动机来改变小行星的方向。

曾经还有人提议使用核武器。但这样做不仅会污染宇宙空间，也很可能会严重污染地球大气，大多数人对此是持否定态度的。

然而，向地球飞来的 NEO 和彗星一旦抵达地球附近，那我们便束手无策了。即便在小天体撞击地球前摧毁它，它的碎片仍旧会撞击地球（将会形成陨石，撞击地球），造成惨重损失，对地球的影响将不可避免。

◆ 用于改变小天体轨道的太阳能电池

就像是科幻作品中出现的地球防卫军那样，行星防御中心肩负着保卫人类美好生活的重要任务。日本行星防御协会的数据显示，天体撞击地球致人死亡的概率和飞机事故致人死亡的概率几乎相当。天体撞击地球之时，天体的大小可能决定了人类是否会灭绝。

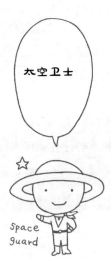

Part 2

有趣的天文学

土星环是由什么构成的

最具人气的行星

土星是作为一个拥有行星环的天体而闻名的。它在天体观测会中最受欢迎，不，应该说人气一骑绝尘的了。使用小型的天文望远镜就能够直接观测到它，如果有读者还没有看过土星的话，请务必尝试观测一下。

土星的直径约为地球的 9 倍（是太阳系内仅次于木星的第二大行星），质量约为地球的 95 倍，是一个巨大的气态行星。但天文望远镜里的土星看起来很小很可爱，这可能也是它极具人气的原因吧。

1997 年美国 NASA 发射的土星探测器"卡西尼号"经过 7 年的旅行（32 亿千米），于 2004 年抵达土星附近。其后，

"卡西尼号"调查了土星及绕土星运转的卫星。多亏了"卡西尼号",我们得以接连发现许多关于土星的新事实。

◆ 伽利略看到的土星

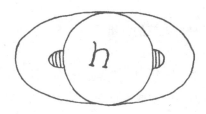

伽利略·伽利雷
（1564—1642）

例如土星环是由微小的冰颗粒组成的。"卡西尼号"发回的照片中，拍摄到了数千个狭窄的小环，环的宽度超过 20 万千米，但非常薄，最薄的地方厚度不过 3 米。因此，每隔 15 年，都会出现一次完全看不到土星环的时候。

在大约 400 年前，第一个使用天文望远镜观察土星的是意大利科学家伽利略·伽利雷。当时，伽利略称土星上有着花瓶把手一样的东西。伽利略观测到土星的时候，碰巧是土星环倾斜角度最大的时候，因此土星环看起来就像是土星上的一个巨大把手。

如果土星环是在太阳系形成之时，也就是在46亿～40亿年前形成的话，那么受到辐射的影响，它应当已经发黑了。但土星环仍旧闪耀着白色的光芒，这也为土星环是最近才形成的这一理论提供了有力佐证。

然而最近超级计算机的分析发现，土星环中的冰块总是在重复着崩溃后又重新形成的循环，土星环也因此能够一直闪耀着白色光芒。土星环也许自古以来就一直存在着。

备受瞩目的卫星"土卫二"

"卡西尼号"传回的数据也让我们了解了许多关于土星卫星的信息。尤其是土星最大的卫星土卫六，它一直以来都因拥有"大气卫星"的身份而备受关注。但近些年来，最为吸引研究者们的卫星却另有他"星"，那就是土卫二这颗过去默默无闻的卫星。

土卫二距离土星24万千米，约每33小时公转一周。

平均直径为 500 千米，是土星的第六大卫星。

◆ 土卫二示意图

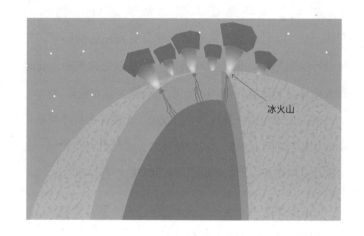

冰火山

"卡西尼号"的探测结果显示，土卫二的北半球覆盖着环形山，这是卫星常见的特征，但其南半球几乎没有环形山。

在它的南极附近，"卡西尼号"观测到了 4 条平行的巨大裂缝。每条裂缝长达 130 千米、深数百米，冰粒从断层内侧喷发出来，就像是间歇泉一样。

这种类似火山喷发的地质活动，在木星的木卫一、海王星的海卫一上也存在，但土卫二的冰火山是太阳系内最为壮观的。如今人们已经知道了，土星环最外层的 E 环就是由土卫二的冰火山喷发形成的。

◆ 土星环与卫星

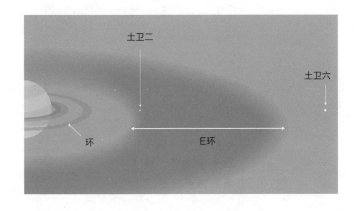

土卫二

土卫六

环

E环

研究者中有人预测，在土卫二的内部存在着海洋，有生命在其中生存。

为我们传回了诸多探测成果的探测器"卡西尼号"，于 2017 年 9 月坠落在土星上，结束了自己的使命。

在土星周围，除了土卫六、土卫二以外，还存在着 60 颗以上各具特色的卫星，就好像是一个微型太阳系一样。

冰的颗粒形成了数千个细环，绕着我转来转去。

月亮跟着自己走的原因

月亮离我们居然很远

小时候，你是否曾经感到走夜路的时候月亮在跟着自己走？坐在汽车、火车里眺望窗外，会感觉窗外的景色正飞快地离自己远去，近处的景色远去的速度快，远处的景色速度慢。但只有月亮会永远位于同一个方位，让我们产生它在一直跟着自己的错觉。在我幼小的心中，不禁产生了"我是这个星球上被选中的人"的想法。究竟为什么会产生这种现象呢？

那是因为相较于地球上的景色，月亮与我们之间的距离实在是太遥远了。

月球距离地球 38 万千米，相当于 30 个地球排列起来的长度。

假设我们能够同时在地球的东西两端观测月球，月球的位置在角度上只会相差不到 2 度。2 度大约就是伸直手臂看食指时，食指宽度所指示的角度。

◆ 2度大约是多少

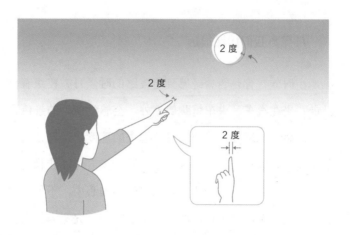

在地球的东西两端观测月球，中间的差距不过一个指头宽，那么无论我们在地面上移动的速度有多快，用肉眼观测到的月球总是会在同一个位置。

与之相对的是，地球自转造成的月球移动幅度反而会更大。仔细观察月亮一整夜，就会发现它和太阳、星星一样，都是自东方升起，划过南方的天空，向西方落去。

不可思议的月亮圆缺

关于月亮的圆缺大家一般在小学的时候就学过。请你回想一下当时的情景。在课本和图鉴中，经常会印有像下一页中所示的那种说明图片。

峨眉月、半月的原理大部分小朋友都能够很快理解，但在讲到满月的时候，有很多孩子都会一脸疑惑。月球被太阳光照射，看起来像是在发光。那么月球运转到满月的位置时，难道不会被地球的阴影挡住，无法发光吗？

在真实的宇宙空间中，月球并不像图中那样紧挨着地球，它距离地球有 38 万千米远，在纸上很难准确描绘出来。现在，请你想象一下，直径只有地球四分之一的月球在距离地球 30 个地球远的地方接受太阳的照射。

在地球看到的月球的轨道（白道）和太阳的轨道（黄道）之间有着大约 5 度的夹角，因此月球不会被地球的阴影遮挡，整个月球表面都会被太阳照亮。正因为有着这种细微的错位，太阳—地球—月亮排成一条直线的"月食"

才是极为罕见的现象。

　　大家可以请自己身边的人画一下蛾眉月。如果大家充分理解了月亮的盈亏原理，那么就会明白动画片中出现的形状锐利的蛾眉月实际上是不可能存在的。通过观察别人画出的蛾眉月的形状，就能够看出对方是否了解月亮盈亏的原理。

◆ 书上的月亮圆缺图

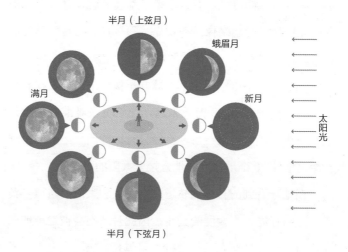

半月（上弦月）

蛾眉月

满月

新月

太阳光

半月（下弦月）

看起来时而大，时而小

人们现在常常将最大的满月称为"超级月亮"（"超级月亮"并非术语，而是民间使用的俗称）。

月球的轨道并不是圆的，而是略呈椭圆状。月球离地球最远的时候距离约为 40 万千米，最近的时候距离不到 36 万千米。在月球距离地球最近时如果迎来满月，那么它看起来会比平时的满月更大一些。但超级月亮与普通满月之间视直径的差不过 0.05 度左右。

月亮一般会在接近地平线的时候看起来更大，而高悬于夜空之时看起来会更小。这种差异是错觉造成的。我们通常是通过月球与地面上物体间的距离，以及抬头仰望月亮的角度来判断月亮大小的。如果不拍照对比，我们是无法分辨出月亮的大小的。

日出与月升的区别

相较于一年到头都按照规律运转的太阳，每一天月亮的形状（月龄）、月亮升起的时间对于专家而言都是非常难以捉摸的。春分、夏至、秋分、冬至这几天太阳升起的

有趣的天文学

时刻、方位都是很有规律的。

　　这是因为我们使用的历法是基于太阳运动的"太阳历"。而伊斯兰国家使用的则是基于月亮盈亏周期的"太阴历"，对于月龄和月亮升起时刻的把握比日本更好一些。关于历法将在另一节详细讲述，在此我将先介绍日出与月升之间的区别。

　　日出指的是太阳升起时上轮廓和地平线重合的瞬间。日落指的是太阳落山时上轮廓和地平线重合的瞬间。也就是说，白天的时长会多出一个太阳视直径（角度约为0.5度）那么大。因此，即便是太阳从正东升起、在正西落下的春分、秋分两天，昼夜的长短也不是相等的。

　　而月亮因为有圆缺盈亏，因此并非总像满月时那样圆。蛾眉月也好，半月也好，在升起时缺失的那一半并非总是和地平线垂直，月亮的上轮廓处于缺失状态、被地球的阴影遮住的情况也时有发生。为此，月升、月落的时间是按照月球中心的位置来测量的。

太阳的寿命还剩多少年

太阳如今正值壮年

按照人类的寿命来计算的话，太阳如今大约四十五六岁，正是年富力强的时候。太阳的实际年龄为 46 亿岁。理论上，太阳预计能够持续闪耀到 100 亿岁左右，但并没有确切的证据能证明太阳能够永远保持同样的亮度。

太阳和地球差不多是同时诞生的。通过研究坠落到地球的陨石的年龄，以及"阿波罗号"带回的月球岩石的年龄，可以得知太阳系是在 46 亿年前诞生的。

太阳这样的恒星和地球不同，主要由氢气构成，并通过氢的核聚变反应发光发热。这就意味着，46 亿年前飘浮在宇宙中的氢气聚集成了太阳，在太阳的附近又诞生了行星。宇宙如今也在诞生着新的星星，我们可以通过望远镜来进行观测。

迎来成年仪式的星星

宇宙中氢气的集合体被称作"星云"。冬季抬头仰望夜空，你能够看到在猎户座的参宿三星下方有着伐星[1]，形象是俄里翁腰带挂下来的长剑。仔细观察伐星正中央的星星（肉眼恐难以分辨，应用双筒望远镜观察），你能看到如一片云一样的物质，那就是猎户座大星云 M42。

猎户座大星云是一个极具代表性的星云，距地球 1400 光年，用肉眼就能够观测到，这里时刻都在诞生着新的天体。使用大型天文望远镜认真观测猎户座大星云，会发现其中有许多小型的云状气团。在那每一个气团中都会产生恒星。

46 亿年前，太阳和太阳系之外的其他恒星一起诞生。在诞生之后，恒星们各自开始运动，彼此间愈行愈远。经过了 46 亿年，我们已经无法判断哪些恒星曾经彼此是"兄弟姐妹"了。

有趣得让人睡不着的天文

Astronomy

---

[1]　由四合星及猎户座大星云组成的一字斜排的 3 颗小星。（译者注）

◆ 猎户座大星云 M42

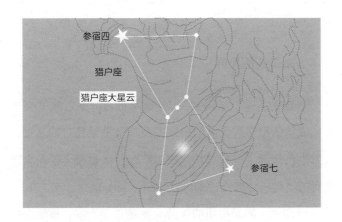

向猎户座的右侧看去，能够看到一团聚在一起的闪亮星星，那就是"昴星团"。这是一些刚刚成年的星星，距离地球 410 光年。

昴星团指的是极具代表性的疏散星团 M45，凭借肉眼可以看到六七颗星星，使用天文望远镜的话则能够看到有数十颗恒星聚集在一起。

"昴"是"收缩、统一"之意，也就是互帮互助、共同生活的意思。清少纳言也曾在《枕草子》中提到昴星（团），说明它是日本人十分喜爱的天体。如今独自闪耀的太阳在刚刚成年之时也许也曾像昴星团一样散发着青白色光芒。

太阳最初的模样

年轻的恒星，在达到人类标准的 20 岁之前就会成年。成年的恒星因为氢的核聚变反应会散发稳定的光芒。太阳也将持续这种状态长达约 100 亿年，也就是说，太阳拥有的氢燃料还够支撑 50 亿年左右。

刚刚成年的昴星团的年龄大概是几千万岁。按照恒星的寿命长达百亿年来考虑，昴星团在不满 1 岁的时候就已经成年了。

恒星诞生时的质量决定了其生命（寿命）的长短及生命的结束方式。太阳在恒星中属于比较轻的，它在演化末期会经历红巨星阶段，最后缓慢地向外释放气体，变成甜甜圈状的星云（行星状星云）。太阳释放的气体会向宇宙空间蔓延，最终会抵达地球。

◆ 天体的诞生与终结

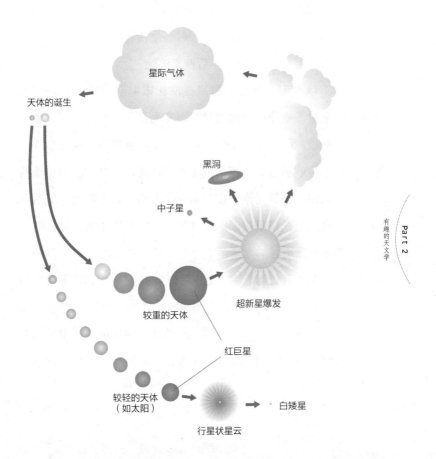

星际气体

天体的诞生

黑洞

中子星

超新星爆发

较重的天体

红巨星

较轻的天体
（如太阳）

行星状星云

白矮星

太阳大约会在 50 亿年之后变为红巨星，那时的太阳
预计会膨胀到足以将金星吞并。

根据计算，地球在那时会离开如今的轨道，在更加外围的地方绕太阳公转。那时地球的温度会非常高，各种生物都无法生存。只要人类那时还生活在地球上，那么可以说人类将在大约 50 亿年后迎来灭绝。

以太阳为代表的恒星在演化末期会不断膨胀，变为红巨星，质量较轻的恒星将演变为行星状星云，最终变为白矮星，质量较重的恒星将经历超新星爆发，最终演变为中子星或黑洞。在超新星爆发的瞬间，会产生比铁更重的金、银、铂等元素。在宇宙诞生之初，只存在氢、氦两种元素，但在恒星内部因为核聚变反应产生了氧、氮、硅、镁等比铁更轻的元素。

从 138 亿年前宇宙诞生后，到 46 亿年前太阳系诞生为止，太阳系附近的宇宙空间曾发生过 20 次左右的超新星爆发。这使得曾经只有氢和氦两种元素的宇宙中产生了现有的 92 种元素。从元素层面上来说，我们都是"星之子"。

如何同外星人接触

存在生命的天体是哪个

在宇宙中，在地球之外，还存在着其他有生命居住的星球吗？自文明在地球上产生后已经过了几千年，天文望远镜发明至今已经有约 400 年，距探月器、行星探测器等初次升空也早已过了 50 多年，可直到如今，在地球以外的星球和宇宙空间里，我们连小如细菌的生物都尚未发现。

但有观点认为，随着天文学和空间探测技术的发展，人类再过不久就能发现梦寐以求的外星生命了。

在太阳系内，可能存在着类似细菌的早期生命体。生命体可能存在的地点有火星，木星的卫星木卫二、木卫三，土星的卫星土卫二、土卫六等。在不远的将来，探测器造访这些地方后，也许真的会发现生命存在的迹象。

然而遗憾的是，我们基本已经可以肯定除地球以外，太阳系内是不存在智慧生命的。我们没有发现任何相关的迹象。假设智慧生命在宇宙中真的存在，那么它们应该存在于太阳系以外的广袤空间，也就是围绕其他恒星运转的行星或卫星。

距今 20 多年前，人类于 1995 年第一次发现了围绕太阳之外的恒星运转的行星。它们被称作"太阳系外行星"，或是"系外行星"。已发现的系外行星截至 2021 年 10 月已经达到了约 4500 颗。

人类早期发现的系外行星是直径为地球数倍的气态巨行星。随着天体观测的发展，我们开始发现了岩质、大小与地球相当的行星。

宜居带

假设太空中存在的生命和地球上的生命具备相似的结构、成分，那么生命诞生时必然需要液态水。我们的身体主要是由水和有机物构成的，而合成蛋白质、核酸等高分子的复杂有机物需要适宜发生化学反应的环境，这也就意味着需要水、有机物和适宜的温度。

行星如果距离恒星过近，表面的水分会蒸发，而若距离恒星过远，会导致温度过低，水会结冰。水能够保持液态的范围在天文学上被称作"宜居带"。

"宜居"是适宜生命居住的意思。在太阳系内其范围是 0.8～1.5 天文单位（太阳与地球之间的距离为 1 天文单位，约为 1 亿 4960 万千米）。

◆ 宜居带

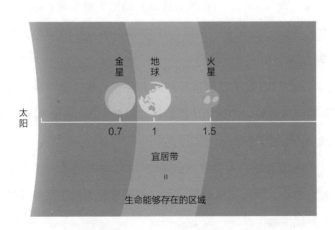

行星勉强属于宜居环境。木星、土星的卫星受到与

行星间的潮汐力及卫星内部热源的影响，也可能具备宜居环境。"潮汐力"指的是类似地球因为与月球的位置关系而产生了潮起潮落，两个天体受到彼此引力的影响而产生形变或是加热天体内部的力。天体越小，受到的影响就越大。

如果在地球之外也有存在着智慧生命的天体，那么拥有丰富液态水（海洋）、覆盖着含有氧气的大气的行星一定是第一"候补"。日本国立天文台打算在位于夏威夷岛冒纳凯阿火山的昴望远镜旁边建造一架名为 TMT（Thirty Meter Telescope：30 米望远镜）的巨大望远镜。这是日本、美国、加拿大、中国、印度等多国合作的一个大型项目。

利用 TMT 直接观测系外行星并寻找外星生命存在的迹象是一大目标。如果事情能按计划进展，TMT 将于 2025 年到 2030 年间建成。

幸运的话，人类可能会在 2030 年左右借助 TMT 等地面上的超大型天文望远镜或太空望远镜的力量在系外行星上发现生命。

与智慧生命通信

如果发现了可能有生命存在的星球，我们可以通过无线电波光向对方发出信息。如果那颗星球距离我们 20 光年，算上往返的时间，40 年后我们就有可能收到回信。但也存在这种可能性，在地球之外的地方不仅没有外星人，甚至连生命都不存在。

如果将来真的发现了智慧生命（外星人），那么我们人类的价值观恐怕会发生天翻地覆的变化，如今这种只顾眼前的生存方式也将需要重新审视。这种观点虽然有些夸张，但能否发现"另一个地球"与人类的生存方式是有着密切关联的。

如果智慧生命在太阳系附近存在，让我们来想象一下与他们的交流会是什么样的吧。

假设 2016 年 8 月发现的距太阳系最近的恒星比邻星的行星或其尚未发现的卫星上存在智慧生命。比邻星距地球4.22 光年，这一距离哪怕是光也要传播 4 年多的时间。无线电波的传播速度和光速相同，能够以每秒 30 万千米的速度在宇宙空间传播。

从地球通过无线电波向比邻星的智慧生命发送信息，最快也要在 8.44 年后才能收到回信，对话起来很需要耐心，对话的内容也因此变得尤为重要。如果是你，会问些什么样的问题呢？又想告诉对方些什么呢？

电影《星球大战4：新希望》中有一个场景是莱娅公主通过全息影像（裸眼 3D）向欧比旺·克诺比传达消息。

到了能够和智慧生命通信的那一天，在我们的日常生活中，全息影像恐怕已经取代了网络、电视、电话，成为传递信息的主要方式。虽然会存在时间滞后的情况，但我们将有机会在仿佛比邻星人近在眼前一般的虚拟现实空间中和外星人对话，甚至可能在模拟环境中体验一把比邻星之旅。

太空来信

利用地球上的射电望远镜捕获来自外星人的信息的工程被称为"SETI"（Search for Extra-Terrestrial Intelligence：搜寻地外文明计划）。与之同时，利用无线电波等方式从地球向外星人发射信息的工作也一直在开展着。

较为有名的是卡尔·萨根博士（1934 —1996）等人从波多黎各阿雷西博天文台的巨型射电望远镜向武仙座的球状星团 M13 发射了无线电波信号。信号为二进制的简单暗号，但包含了我们这些地球人的家园、身体的成分、体形大小、全球人口等基本信息。

在世界各国，都有许多认真寻找外星人的研究人员。美国的弗兰克·德雷克（1930— ）和卡尔·萨根可以算这一领域的国际先驱。

他们领先时代的 SETI 研究被许多年轻的追随者继承。美国的 SETI 研究所从 2007 年开始，为了捕获来自智慧生命的信号，一直在使用艾伦望远镜阵列（ATA：Allen Telescope Array）持续进行观测。世界上的其他地区也在进行着捕获外星人来信的尝试，但目前为止尚未有人发现任何地外文明的信号。

今后的 SETI 研究中最受国际社会关注的是多国共同开发的 SKA（Square Kilometer Array，平方千米阵列）。

SKA 并非专门用于 SETI 的射电望远镜，它的项目规模极大，拥有南非和澳大利亚两个分站，预计将于 21 世纪 20 年代建成具有与口径为 1000 米×1000 米 的射电望远镜能力相当的望远镜阵列。日本的射电天文学家们也正在为日后参与 SKA 项目做准备。

目前也有人提议利用 SKA 花费 10 年时间分析来自 100 万颗恒星的无线电波信号，寻找来自智慧生命的信息。

寻找第二地球的"宇宙文明方程式"

德雷克的宇宙文明方程式

有一位天文学家，在认真计算着广袤的宇宙空间中究竟存在着多少智慧生命（外星人），他就是美国天文学家弗兰克·德雷克博士。他所做的工作便是预测宇宙中究竟存在多少已经建立起文明的星球，以及我们能否与他们通信。

1961 年，弗兰克·德雷克博士提出了"宇宙文明方程式（德雷克公式）"。宇宙文明方程式能够科学估算我们的太阳系所属的星系（银河系）中可能与地球人接触的文明数量（存在智慧生命的星球数量）。

文明是不可能在太阳这样的恒星上产生的，只可能诞生于绕恒星运转的类地行星或具备相似环境的卫星。那么就让我们来计算一下可能拥有文明的行星的数量吧。利用

宇宙文明方程式能够计算出是否存在与我们具备同等文明
的外星人生存的星球。

◆ 宇宙文明方程式

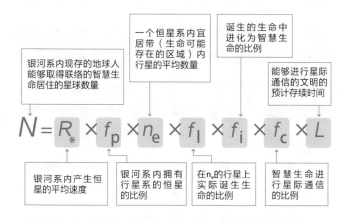

假设如今银河系内存在可以与地球开展通信的地外文
明的数量为N，那么宇宙文明方程式则如上图所示。

许多人都依据自己的推理对银河系内存在的文明数量
进行了估算。德雷克本人在 1961 年提出的估算值为 $N=$

10，但他代入其他未知数的数字不是确定的，最终结果也不过只是推测。

但许多研究者都认为这一公式中最后的 L 十分值得重视。L 指的是，能够通过无线电波或可见光等通信手段向数光年至数百光年之外的系外行星传递信息的文明的平均存续时间。

提出 L 的大前提是文明无法永远存续。我们人类的文明也不可能永远在地球上繁荣下去，我们可能因为自身的错误行径（例如发动核战争或破坏环境）而自我毁灭，也可能遭受小行星撞击或太阳爆炸等无法回避的灭顶之灾。这不仅是地球人可能遇到的事情，对于全宇宙的所有生命来说都是如此。

地球人将无线电波运用于通信不过百年左右的时间。地球上的人类文明还能持续多久呢？有很多人都对此感到不安，面对环境问题，核战争危机，水、粮食、能源枯竭等问题，人类能否智慧地生存下去是我们能否发现外星人的关键所在。

从最新数据可以推导出什么

2009 年，为了寻找类地行星，NASA 发射了太空望远镜"开普勒"。就让我们来把包括开普勒观测结果在内的最新的天文学成果套入德雷克公式吧。

首先便是银河系内拥有系外行星系的恒星所占的比例。银河系内约有 1000 亿颗恒星，但其中约有一半都是以联星形式存在的。

所谓"联星"，就是两颗以上的恒星彼此环绕的恒星系统，并非像太阳系这样只有太阳一颗恒星单独存在。全天最亮的恒星如大犬座的天狼星、位于天鹅座鸟喙处的双星天鹅座 β 都属于联星。过去，人们认为联星因为在重力上具有不稳定性，故很难形成行星。但位于智利阿塔卡马沙漠的 ALMA 望远镜却已经证实在联星系统中也可能产生行星。

让我们在此假设银河系内可能产生行星系的恒星，包括联星系统在内有 1000 亿颗。

那么，每一颗恒星平均拥有几颗行星呢？虽然有一些恒星是完全没有行星的，但根据开普勒望远镜的观测结果，包含多颗行星的行星系大约占总数的三成。

由此一来，我们可以大略估计每颗恒星平均都有 1 颗行星。也就是说，银河系内的太阳系外行星总共约有 1000 亿颗。

第二地球的数量是多少

其中又有多少类地行星呢？根据开普勒望远镜的观测，已发现的行星中约有六分之一为类地行星。这里提到的类地行星指的是大小和地球相当的行星。直接借用上面估算出的数字，那么银河系内应当有 160 亿～200 亿颗类地行星。

而其中位于宜居带的类地行星有多少呢？如果相应的恒星质量和太阳相当，那么应该有 22%±8% 的类地行星位于宜居带。

也就是说，质量与太阳相当的恒星中每数个就会对应一个可能由岩石构成、拥有液态水和大气的"第二地球"。按照这一估计，第二地球的总数会比德雷克估算得还要多。

而除此以外的 f_1、f_i、f_c、L 四个变量，目前还难以进行科学的估算，但"外星人"的存在确实因此有了一些可信性。

只要地球上的文明持续下去，我们遇见外星人的可能性就会提高！

什么时候能看到美丽的极光

极光与太阳的关系

极光与日全食、火山喷发并称为自然界三大奇观。在日本北海道的部分地区，也能够在北方的低空处看到红色的极光。然而，最为壮丽、神秘的极光，还要数北欧各国、美国阿拉斯加州、加拿大以及南极大陆的极光。

极光是发生于北极、南极附近地区的一种高层大气现象。极光发光的高度可达 100～200 千米。顺带一提，国际空间站（ISS）的飞行高度为 400 千米，ISS 上的宇航员可以俯瞰明亮闪耀的极光。

从 ISS 看到的极光，就像是绿色、粉色的窗帘在地面上轻轻摆动。从地面上看是看不到极光延伸的范围的，而从 ISS 则可以明确观测到极光的延伸范围。极光的一大特征便是它通常同时发生于南、北两极的上空。ISS 每 90 分钟绕地球转一周，因此可以依次观测两极处的极光。

极光究竟是如何形成的呢

地球可以看作是一个巨大的磁铁，它具有将整个地球都覆盖在内的巨大磁场（地球磁层）。地球磁层可以防止来自太空的带电粒子入侵地球，对于地球上的生命而言是重要的屏障。尤其是太阳会向地球射出名为"太阳风"的带电粒子流。

在地球的北极、南极附近观测到的极光，与太阳风的活动有紧密的联系。太阳风强烈，平时被地球磁层屏蔽，难以抵达地球表面的带电粒子便会从磁场较弱的北极、南极附近入侵地球。这种带电粒子与地球的高层大气发生反应，便会形成散发出绿、红、粉色光芒的美丽极光。

因此，如果观测到剧烈的极光运动，就证明太阳活动正处于极为剧烈的时期。大家有机会的话，一定要在这一时期前往北欧、加拿大看看极光。

要小心耀斑

太阳活动并非永远处于同一状态。太阳活动分为剧烈时期和不剧烈时期。太阳活动会受到磁场的强烈影响。太阳磁场约每 11 年变化一次。

就像模型飞机螺旋桨上扭转的橡皮筋一样，太阳内部的磁场也会因为自转而扭曲。磁场扭曲达到最大的时候，就是太阳活动最为活跃的时期。而当扭曲消除后回到正常状态时，就是太阳活动较为平静的时期。

活跃期受到磁场扭曲的影响，伴随着大量黑子，还会频繁发生一种被称为"耀斑"的爆发现象。耀斑是一种磁场的扭曲程度超过极限后，能量向太阳外部猛烈喷射的现象，就像橡皮筋绷断的瞬间一样。

耀斑出现后，太阳的大气层会迅速变得明亮，日冕能够达到 1000 万摄氏度以上的高温。接下来，太阳会释放出从无线电波到X射线在内的所有种类的强烈电磁波。不仅如此，太阳日常向外射出的质子、电子等带电粒子，也就是说，太阳风也会变得活跃起来，射出的带电粒子的量和速度都会增加。

耀斑释放出的强烈X射线抵达地球后会扰乱地球的磁

场，引发短波无线电通信障碍。因为我们在短波广播中使用的短波通信电波是通过地球高层大气中的电离层进行反射，从而传播到远方的。

而当猛烈的太阳风扰乱电离层时，短波广播或船只使用的短波通信将会中断。这种现象被称作"德林格尔现象"。活跃的太阳风活动还会引发前面提及的极光暴、太阳磁暴。

因为太阳风会对地球造成严重影响，日本情报通信研究机构（NICT）会进行"宇宙天气预报"。宇宙天气预报会利用世界各地的太阳观测卫星、太阳观测所的数据对太阳进行细致的观测，确定耀斑是否发生，判断出耀斑的爆发规模以及比较强劲的太阳风会在何时抵达地球，并进行预报。

大规模发生的耀斑一旦可能影响到地球，ISS 便会中止舱外活动，电力供给也会进行相应调整，以免影响地面上的电线及发电站。过去就曾经发生过大规模耀斑引发太阳磁暴，导致电线被破坏，造成大范围停电的事件。

◆ 太阳的构造

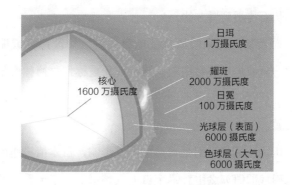

在为防御太阳风袭击地球做准备的同时，人们也在想办法避免太阳风对国际空间站和人造卫星造成伤害。

日冕上发现的气体

耀斑和黑子都是在太阳表面（光球层）发生的现象，太阳有着主要由氢构成的大气。内层大气为色球层，外侧分布的大气为日冕。

日全食的时候，太阳表面被月球遮挡，我们便能够观测到淡淡的太阳大气，也就是靠近外缘的红色色球层以及大幅度向太阳外侧延伸的珍珠色的日冕。人们通过对这时的色球层进行分光测量，于 1868 年发现了当时在地球尚未发现的元素"氦"[1]。"氦"（Helium）来源于希腊语中太阳"赫利俄斯[2]"一词。

到了 20 世纪中期，人们通过分光测量发现，在日全食时能够观测到的外层大气日冕的温度超过了 100 万摄氏度，太阳的表面温度约为 6000 万摄氏度，这一发现十分令人震惊。在那以后，许多研究太阳的学者都投入到日冕发热原理的研究之中。

在日本，下一次能够观测到日全食的时机是 2035 年 9 月 2 日。在这一天从关东北部到北陆地区都会发生日全食。我不禁祈祷那一天是个大晴天。

异常气候都要怪太阳吗

最近几年，出现了许多集中性暴雨、龙卷风、近海

---

[1] 发现者为法国天文学家皮埃尔·朱尔·塞萨尔·让森（1824—1907）。（译者注）
[2] 即太阳神，Helios。（译者注）

台风等异常气候。不仅如此，北冰洋冰川融化、厄尔尼诺现象等地球气候异变现象也十分引人注目。"异常气候""有记录以来第××的"之类的说法不绝于耳，世界各地都遭受了重大损失。

地球上难道正在发生大规模的气候变化吗？在这一大背景下，天文学家们正在关注另一件事。那就是，近年来太阳的活动有一些不同寻常。

观察太阳表面时，能够看到一些黑点。当包裹太阳的磁场中的一部分或浮现或退回时，太阳内部的能量便会难以传导，该区域的温度便会下降，看起来发黑。这被称作"黑子"。

黑子是按照大约 11 年周期消长变化的，如果将黑子的消长和地球的平均气温变化的数据进行长期比较，能够发现地球在黑子增加的"活跃期"较为温暖，在"不活跃期"地球较为寒冷。关于这一现象的原理有诸多说法，目前尚无定论。

相较于 2000 年的活跃期，现在太阳上的黑子数量较少。在本次周期开始时，黑子出现量较少的状态持续了较长的时间，这一次的周期可能会比以往的 11 年周期更长一些。

这种情况在以前也曾发生过。1650—1700年，在太阳上几乎看不到黑子的状态一直持续着，这被称为"蒙德极小期"。在这一时期，全球变冷，欧洲、日本多次出现了饥荒。

这一次太阳活动的小幅度变化还不用大家过于担心，不过专家们却因意见分歧而产生了争论，有人认为接下来二氧化碳会增加导致全球变暖，也有人认为太阳活动会停滞从而导致全球变冷。

历法的编写改变了历史

编写历法的工作

你知道如今日本的日历是在哪里编写的吗？

是在日本国立天文台。国立天文台有一个名为"日历计算室"的房间，在这里，研究员会观测太阳等各个天体过去的运行规律，并以此预测其今后的运动，也就是预测春分和秋分。按照传统，日历计算室会在每年的 2 月 1 日公布次年的日历。

从事日程本、日历相关工作的人，或性子比较急的人会希望天文台能够"再早一点公布日历""一口气公布 10 年、100 年的日历"。但实际上，编写日历是一项极为精密的工作（原本预报将在 5 月 21 日发生的日食却在 20 日出现了，或在日本没有发生日食反而在美国发生了，出现这样的情况大家也会头疼吧），而天体的运行也是完全不可能做到长期预测的。

◆ 天文台上安装的浑天仪

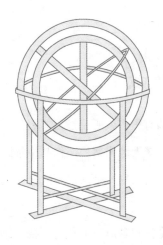

我们不能保证，不会有大型天体（彗星、小行星）经过地球、略微改变地球或月球轨道的一天。但这是在精益求精、细致入微的角度来说的，大家没有必要丢掉手头的万年历。

过去，编制历法是国家的大事。在中国古代，曾经有天文官因为没能准确预报日食而被砍了脑袋。

我曾参观过位于东京都藏前的浅草天文台旧址。我工作的国立天文台是在 1988 年成立的，它的前身东京天文台是在那之前 100 年的 1888 年诞生的。而东京天文台的前身则是距今 330 年前，由江户幕府于 1685 年设立的政府机构天文方。

天文方的活跃

我想应该有很多人听说过日本科幻小说作家冲方丁先生创作的小说《天地明察》，作品中描绘的涉川春海是历史上真实存在的人物，是江户幕府任命的第一位天文方负责人。

当时正是江户幕府第五代将军德川纲吉统治时期。一直以来，京都朝廷掌管的日本历法非常不准确，连续多次未能准确预报日食、月食。随着文明的发展，按照风俗习惯，各地区都会自行研究天文，编写自己的历法，确定自己的时间。

涉川春海受政府之命，独自一人创立了高精度的日本历法，江户幕府传至第五代也终于能够从朝廷手中将编制历法这一国之大事收入囊中了。

江户时代的政府部门与现今不同，采用的是世袭制。但自从涉川春海成立天文方以来，天文方内的工作都是以收养养子的形式代代相传，直到幕末。浅草天文台则是于1782年（天明二年）成立的日本第一个真正的天文台。

当时，天文方在鸟越神社附近搭建了将近10米高的土台，上面安装了数个天体观测装置，无数天文方工作人员曾在此工作。以编绘日本地图而闻名的伊能忠敬也是宽政时代杰出的天文方人才，曾作为高桥至时的弟子在天文方学习天文学、测绘学。

1868年明治维新之后，日本仿照西方，于1873年（明治六年）废除了阴阳历，第一次采用阳历。天文方是1877年成立的东京大学的前身之一，东京大学理学部就设立了天文学科。1888年，东京大学东京天文台在东京都的麻布饭仓成立。在关东大地震之后，东京天文台迁至如今位于东京都三鹰市的地址，最后于1988年从东京大学独立并更名为国立天文台。

我们如果想要开创未来，就需要先回溯330年的国立天文台历史中前辈们的足迹。我希望自己的工作能够无愧于那些伟大的前辈们。

生活中不可或缺的天文学知识

近年来，因为快乐星期一制度[1]的建立，我感觉自己已经快分不清全国公共假期究竟是在几月几号了。

3月的春分日、9月的秋分日、夏至、冬至，还有二十四节气（大寒、惊蛰、立夏等）这些都是天文现象，它们是人们根据对一年内太阳运动的预测确定的，每年的日期都有不同。例如春分日，就是太阳从南半球划过赤道、抵达北半球时刻的那一天[2]。听起来可能有点复杂，不太好理解。简单来讲，春分日的时候，太阳会从正东升起，在正西落下。

历法、日历是基于对天体的观测每年更新的。关于历法的历史，自古以来便流传着诸多说法，但至少距今5000

[1] 日本将部分国民公休假从原来的日期调整至星期一，为民众提供了更多的三连休机会。（译者注）
[2] （北半球的）春分实际为太阳由南半球回归北半球时直射赤道的时刻，春分所处的那一天则为春分日。（译者注）

年人们便开始使用历法了。在古代，历法对于农业而言是极为重要的。

在古埃及，尼罗河每年都会在固定的时期泛滥，人们便通过能否在黎明时的东方天空中观测到恒星天狼星来进行预测。而不同季节看到的星座不同，则是因为地球公转造成的长为一年的周期。

天文现象中，周期性最为明显的便是月亮的盈亏（朔望）。月亮的盈亏决定了一个月的长度。月亮就像是天空中的日历一样，这种历法被称为"太阴历"。如今伊斯兰国家仍在使用太阴历。

而太阳的运动速度相对较慢，需要仔细观察，不过通过研究可以发现，在不同季节中，太阳西沉的位置会从正南向南方、北方以一年为周期进行变化。依据太阳在天空上的运动编写的历法就是"阳历"。

月亮的朔望很容易被观察出来，不过一个朔望月约为29.5天，这样一来12个月就会和太阳一年内的运动产生错位，历法就会失去季节感。于是便诞生了一种将月亮的朔望和太阳的运动结合起来、根据需要在一年内插入"闰月"、将年和月对应起来的历法，这就是"阴阳历"，也就是所谓的"农历"。如今也有许多国家像中国那样在生活中运用阴阳历。

在世界历史中，有些地区还会以天狼星等恒星或月亮、太阳以外的天体作为历法编写的标准。中美洲地区的玛雅文明就采用了基于金星运动的玛雅历。

织女和牛郎为什么不能约会

星星之间的距离有多远

日本人最为熟悉的恒星便是七夕之星——织女星和牛郎星了。在仙台、平塚等许多地方都会举办盛大的庆典来庆祝七夕。日本各地的车站、商业街，你都能看到七夕竹已经装点起来，还有许多幼儿园、托儿所、小学会举办七夕活动。然而，七夕虽然是织女与牛郎每年团聚一次的日子，但七夕的夜空往往并不晴朗。

七夕是古时候由中国传来的。到明治五年为止，日本所使用的是阴阳历，也就是所谓的农历，和现行的阳历是不同的。农历的七月初七对应阳历大约是在梅雨季结束后的 8 月份，到江户时代，人们还会在七夕之日欣赏月龄为 7 日的月亮、银河以及闪耀在银河两岸的织女星和牛郎星，并举行盛大的庆祝活动。

地球距织女星（天琴座的Vega）25光年，距牛郎星（天鹰座的Altair）17光年。

表示宇宙范围内距离的单位有在太阳系范围内使用的"天文单位"和用于更为遥远的宇宙、构成星座的繁星世界中的"光年"。

"1天文单位"指的是多远的距离呢？

太阳系的中心是太阳。太阳的光芒四射夺目，但我们所看到的太阳并不是"现在"的太阳。阳光想要抵达地球，必须经过太阳与地球之间的距离——约1亿5000万千米。光传播这么远的距离需要8分19秒（499秒）。这一距离被称作"1天文单位"。

也就是说，即便这一刻太阳爆炸了，身处地球的我们最快也要在8分19秒之后才能意识到。

光一年内在宇宙中传播的距离叫作"1光年"。光在真空，也就是宇宙空间中会以每秒30万千米的速度传播，一秒内能够绕地球7圈半（地球周长约为4万千米）。

◆ 天文单位与光年

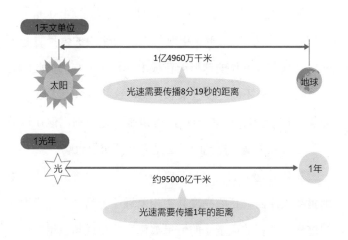

1天文单位

1亿4960万千米

太阳　　　　　　　　　　　　　　　　　地球

光速需要传播8分19秒的距离

1光年

光　　　　　　　　　　　　　　　　　1年

约95000亿千米

光速需要传播1年的距离

　　如果光沿直线传播 1 年，将传播约 9 万 5000 亿千米。1977 年发射的行星探测器"旅行者 1 号"具有人造飞行器最顶尖的速度，正以 6 万千米的时速向太阳系外做高速运动。

　　自升空后已经过去了将近 40 年，但它目前距离地球也只有大概 130 个天文单位，相当于 200 亿千米左右，由此可知光速究竟有多么快了。

织女与牛郎的恋情何去何从

　　和织女星、牛郎星共同组成"夏季大三角"的 1 等星是天鹅座天津四这颗恒星。天津四距离地球 1400 光年，我们看见的光芒是 1400 年前的光。夜空中的恒星看起来就像是嵌在天象仪的球形天花板上一样，但它们彼此间的距离其实各有不同。反过来想一想，这些恒星距离地球 25 光年、17 光年、1400 光年，可谓是天差地别，但在地面上看起来几乎是一样亮的，这是多么不可思议啊。

　　天体看起来的亮度和其距地球距离的平方成反比，牛郎星和天津四真正的亮度其实相差近一万倍之多。像天津四这样能够释放大量光的恒星被称为巨星或超巨星。恒星也是各具特色的。

　　来自织女星的光线需要 25 年才能抵达地球。牛郎星距离地球 17 光年，因此抵达地球的是 17 年前的光线。织女星、牛郎星之间的距离为 15 光年，也就是 95000 亿千米的15 倍。

　　七夕临近之时，织女联系牛郎说："牛郎，我们七月初七在银河相会吧。"这束电波要在 15 年后才能抵达牛郎星。牛郎接到联络后，即便立刻回复"好的"，织女也要到30年之后才能收到回信。

◆ 织女星、牛郎星与地球之间的距离

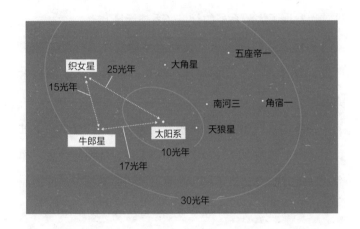

从天文学的角度来讲，织女和牛郎是无法每年都相会的。

天文学家虽然正在研究宇宙，但和牛郎织女的故事一样，我们只能观测到天体过去的样子，能够观测到当下模样的天体仅限于地球周边的宇宙空间。

与地球相似的星球的存在

目前，我们还没有在任何一颗地外天体上发现生命。但在大约 20 年前的 1995 年，我们在天马座 51 这颗恒星处首次发现了太阳系外的行星（系外行星）。

虽然人类自古以来就在想象地球之外的行星，但想要发现自身不会发光的遥远星球必须依靠天体观测技术的发展。

当然，我们还没有发现织女星和牛郎星的行星，不过我们正在不断发现具有和地球相似大小、环境的行星。如今正在运转的天文望远镜和观测卫星还并不具备足够的能力去分析可能存在生命的星球上是否真的有生命存在。

当口径超过 30 米的超大型天文望远镜建成后，预计将会有以寻找有生命存在的星球为目的的太空望远镜升空，电影《星球大战》中的世界也许有一天能够成为现实。

寻找太阳系的尽头

在土星上看到的地球

位于我们的太阳系中心的是身为恒星的太阳。地球上几乎所有的生物都依赖着太阳的能量。太阳距地球大约1亿5000万千米，光需要传播8分19秒才能抵达。

这就意味着我们现在抬头仰望时看到的太阳，是8分19秒之前的太阳。这大约1亿5000万千米的距离便是太阳系内距离的基准，被称为1天文单位。

太阳和土星的距离是太阳距地球的10倍，也就是10个天文单位。让我们到土星附近去看看吧。就像前面介绍的那样，行星探测器"卡西尼号"就曾经绕土星进行过探测。

2013年，"卡西尼号"利用土星的影子遮住了太阳的时机，拍摄了地球的照片。如果不这样做的话，太阳会过于耀眼，无法拍摄到地球、火星等行星。拍摄时，地球上有超过 2 万人向土星挥手致意。如果看到这张纪念照，你会真切地感到地球不过只是一个小小的点而已。

"旅行者 1 号"如今在哪里

在人类发射的人造天体、航天器中，走得最远的就是"旅行者 1 号"。1977 年相继升空的"旅行者 1 号""旅行者 2 号"可以说是在为数众多的行星探测器中最为活跃的。

两个探测器都接近了木星和土星，"旅行者 2 号"还经过了天王星、海王星。它们发现在木星的卫星木卫一上有活火山在喷发，还在土星细致拍摄了土星环的结构，我们也由此知道土星环是由无数细环聚集而成的。"旅行者"发回的照片曾使无数人着迷。

先行出发的"旅行者 1 号"如今已经航行到了距离地球约 200 亿千米的地方，这大约是太阳与地球之间距离的 130 倍。如果你现在身处于"旅行者 1 号"上，那么你接下来将很难再用肉眼看到我们的家园——地球了。

推动"旅行者计划"的是美国天文学家卡尔·萨根，他因为在"先驱者号"和"旅行者号"上留下了写给外星人的信息而闻名。

1990 年，在"旅行者 1 号"最后一次能够拍照并传回地球的时候，他向"旅行者 1 号"发出指令，要求它拍摄太阳系内所有行星的照片。"旅行者"接收到这一指令时距离地球 40 个天文单位（约 60 亿千米），正好位于冥王星附近。

"旅行者 1 号"费尽千辛万苦拍摄的地球看起来不过是一个模糊的光点。这张地球的照片被称作"暗淡蓝点"，至今仍是拍摄到的最远的地球照片。

2013 年 9 月，NASA 宣布"旅行者 1 号"成了第一个脱离太阳圈的人造物体。但"旅行者 1 号"并非离开了太阳系，而仅仅是离开了"太阳风层"。太阳射出的带电粒子，也就是太阳风及太阳风的覆盖范围被称作太阳风层（简称太阳圈）。"旅行者 1 号"已经进入了一个来自太阳系附近的恒星的带电粒子比太阳风更多的区域。

第九颗行星

在距离地球 200 亿千米的地方、海王星的外侧，存在着许多被称为外海王星天体的冰质小天体在绕太阳公转。2016 年 1 月，科学家公布了一个消息，那里有极高的可能性存在着太阳系的行星九。

◆ "旅行者号"的路径

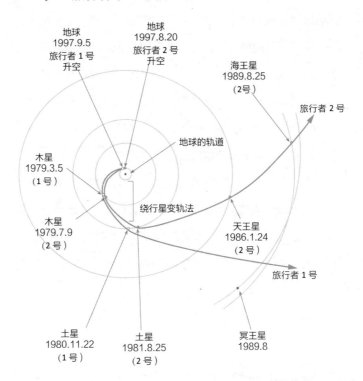

地球
1997.9.5
旅行者 1 号
升空

地球
1997.8.20
旅行者 2 号
升空

海王星
1989.8.25
(2号)

旅行者 2 号

木星
1979.3.5
(1号)

地球的轨道

绕行星变轨法

木星
1979.7.9
(2号)

天王星
1986.1.24
(2号)

旅行者 1 号

土星
1980.11.22
(1号)

土星
1981.8.25
(2号)

冥王星
1989.8

参考:《新版地学教育讲座 ⑪》:"星体的位置与运动",日本东海大学出版会出版。

行星九的质量约为地球的 10 倍,每 1 万～2 万年绕太阳公转一周。但它与太阳之间的距离并非总是一致的,其轨道呈椭圆形,它距离太阳最远的地方超过了"旅行

Astronomy

有趣得让人睡不着的天文

者 1 号"，达到了 900 亿千米。

公布这一激动人心的消息的是 2003 年在冥王星外侧发现阋神星的美国的迈克尔·布朗博士（1965—　）团队。也正因为阋神星的发现，冥王星从行星九变为了矮行星。这位布朗博士亲自公布了关于新的行星九的预测，如今全世界都对此抱有高度的关注。

◆ 太阳系的尽头"奥尔特云"

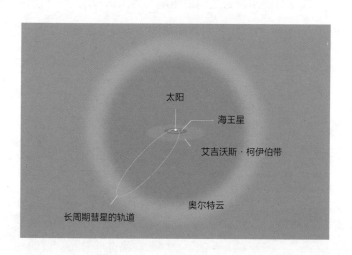

太阳

海王星

艾吉沃斯·柯伊伯带

奥尔特云

长周期彗星的轨道

那么，太阳系的尽头究竟是哪里呢？天文学家们一般认为到长周期彗星的源头"奥尔特云[1]"为止的范围都是太阳系。奥尔特云指的是受太阳重力影响绕太阳公转的天体所存在的范围，它将太阳系包裹在一个蛋壳状的范围内。1950 年，荷兰天文学家扬·奥尔特（1900—1992）提出了奥尔特云的观点。

泛星彗星、ISON 彗星等许多彗星都来自奥尔特云。从太阳系形成历史的角度来考虑，到奥尔特云为止应当都是 46 亿年前诞生的太阳系的一部分。

地球与奥尔特云之间的距离约为太阳与地球之间距离的 1 万倍：1 万亿千米。太阳系的尽头真是遥远无边呀。

---

[1] 也称奥尔特星云。（译者注）

看到最亮星星的方法

天空最美丽的时刻

秋天的太阳落山早。夏日的喧嚣散去之后，秋日的黄昏便是大自然带给我们的原始的风景。但不论是哪一个季节，太阳下山后天空都不会立刻变得一片漆黑。西方天空中的夕阳美轮美奂，其后天空才会一点一点暗下来。

太阳落山后、天色完全变黑之前，以及清晨日出之前的时间带被称为"薄明（薄暮）"。地平线下的阳光经过大气中尘埃和水蒸气的散射，使得天空泛着蒙眬的光芒。

薄明的时长在不同季节会有所不同，在日本大约能持续一个半小时。薄明被公认为是天空最美的时刻。在北极圈、南极圈等高纬度的地区，薄明的时长受季节影响较为明显。北纬 66.6 度[1]以上的地区被称为北极圈，在夏季会

---

[1]　此处的 66.6 度为十进制，北极圈的纬度数值一般用 66 度 34 分表示。（译者注）

出现太阳一整天都处于地平线以上的极昼现象。在北极圈附近的地区，太阳仅有一部分会落入地平线以下，但薄明会一直持续直到第二天早上。这种现象也被称作极昼。

你难道不想在欣赏美丽天空的同时寻找夜空中最闪亮的那颗星吗？

不同地域薄明开始的时间也不同。通过 124 页开始展示的日历，大家可以看到日本不同的城市薄明开始的时间。

最亮的星是哪一颗

不管是哪一个季节，你都能在太阳落下的西方天空中看到一颗异常明亮的星星，那应该就是金星。金星自古以来被称为长庚或启明，是距离地球最近的行星。同时，因为金星表面覆盖着极厚的云层，能够直接反射太阳光，因此具有 -4 等星的亮度，是 1 等星的 100 倍，总是闪烁在黄昏时的西方天空或黎明前的东方天空。视力好的人能在日出前日落后泛青的天空中找到金星，不过大多数人都是在薄明刚开始的时候发现金星的。

金星没有在黄昏出现时，最亮的星一般是当季的1等星或是其他行星。你知道吗？即便是出现在同一片天空中的星星，以金星为首的行星，还有勾勒出星座形状的恒星，它们之间发光的原理是不同的。

天狼星、参宿七、织女星等恒星因为距离地球过于遥远，它们散发出的光芒是作为一个光点抵达地球的。它们的光接近地球后，光子的运动受大气影响而被分散，在地上看起来，恒星就像是在一眨一眨地眨着眼。尤其是在上空的喷射气流流速加快的冬季夜空中，星星眨眼的幅度看起来会比平时更大。

而行星只要用望远镜在观测时稍微放大一些就能够看到表面，它们散发的光芒是呈面状抵达地球大气的。为此，虽然它们的光芒也会和恒星一样被大气分散，但行星的光芒最后会凝结为一束。只要记住这一点不同，就能够分辨出天空中最亮的星星究竟是行星还是恒星了。

最近，有很多人已经开始用智能手机上的星座应用来替代活动星图了。黄昏时如果有空的话，可以用手机镜头对准薄明的天空，和升起的繁星来一场浪漫的对话吧！

◆ 薄明日历（札幌、东京、京都、福冈）

札幌（北纬：43度07分，东经：141度35分）

月	日	日出	日入	月	日	日出	日入	月	日	日出	日入
1/	1	7:06	16:10	5/	1	4:29	18:35	9/	1	4:58	18:10
	6	7:06	16:15		6	4:22	18:41		6	5:04	18:01
	11	7:05	16:20		11	4:16	18:47		11	5:09	17:53
	16	7:03	16:26		16	4:10	18:52		16	5:15	17:44
	21	7:00	16:32		21	4:06	18:57		21	5:20	17:34
	26	6:56	16:39		26	4:02	19:02		26	5:26	17:25
	31	6:51	16:45		31	3:59	19:06				
2/	1	6:50	16:47	6/	1	3:58	19:07	10/	1	5:31	17:17
	6	6:44	16:53		6	3:56	19:11		6	5:37	17:08
	11	6:38	17:00		11	3:55	19:14		11	5:43	16:59
	16	6:31	17:07		16	3:55	19:16		16	5:49	16:51
	21	6:24	17:13		21	3:55	19:18		21	5:55	16:43
	26	6:16	17:20		26	3:57	19:18		26	6:01	16:35
									31	6:07	16:28
3/	1	6:11	17:23	7/	1	3:59	19:18	11/	1	6:09	16:27
	6	6:03	17:30		6	4:02	19:17		6	6:15	16:21
	11	5:54	17:36		11	4:05	19:15		11	6:21	16:15
	16	5:45	17:42		16	4:09	19:12		16	6:28	16:10
	21	5:37	17:48		21	4:14	19:08		21	6:34	16:06
	26	5:28	17:54		26	4:19	19:03		26	6:40	16:03
	31	5:19	17:59		31	4:24	18:58				
4/	1	5:17	18:01	8/	1	4:25	18:56	12/	1	6:46	16:01
	6	5:08	18:06		6	4:30	18:50		6	6:51	16:00
	11	5:00	18:12		11	4:35	18:43		11	6:56	16:00
	16	4:52	18:18		16	4:41	18:36		16	6:59	16:01
	21	4:44	18:24		21	4:46	18:28		21	7:03	16:03
	26	4:36	18:30		26	4:52	18:20		26	7:05	16:05
					31	4:57	18:12		31	7:06	16:09

※日落后的约一个半小时及日出前的约一个半小时为薄明（薄暮）。
太阳的上轮廓与地平线（或是水平线）重合的瞬间，被定义为日出及日落的时刻。

京都（北纬：35度02分，东经：135度75分）

月	日	日出	日入	月	日	日出	日入	月	日	日出	日入
1/	1	7:05	16:56	5/	1	5:06	18:42	9/	1	5:29	18:24
	6	7:05	17:00		6	5:01	18:46		6	5:33	18:17
	11	7:05	17:05		11	4:57	18:50		11	5:37	18:10
	16	7:04	17:09		16	4:53	18:54		16	5:40	18:03
	21	7:02	17:14		21	4:49	18:58		21	5:44	17:56
	26	7:00	17:19		26	4:47	19:02		26	5:48	17:49
	31	6:57	17:24		31	4:45	19:05				
2/	1	6:56	17:26	6/	1	4:44	19:06	10/	1	5:51	17:42
	6	6:52	17:31		6	4:43	19:08		6	5:55	17:35
	11	6:47	17:36		11	4:42	19:11		11	5:59	17:28
	16	6:42	17:40		16	4:42	19:13		16	6:03	17:21
	21	6:37	17:45		21	4:43	19:14		21	6:08	17:15
	26	6:31	17:50		26	4:45	19:15		26	6:12	17:09
									31	6:17	17:04
3/	1	6:27	17:52	7/	1	4:46	19:15	11/	1	6:18	17:03
	6	6:20	17:57		6	4:49	19:14		6	6:22	16:59
	11	6:14	18:01		11	4:52	19:13		11	6:27	16:54
	16	6:07	18:05		16	4:55	19:11		16	6:32	16:51
	21	6:00	18:09		21	4:58	19:08		21	6:37	16:48
	26	5:53	18:13		26	5:02	19:05		26	6:42	16:47
	31	5:46	18:17		31	5:05	19:01				
4/	1	5:44	18:18	8/	1	5:06	19:00	12/	1	6:46	16:45
	6	5:37	18:22		6	5:10	18:55		6	6:51	16:45
	11	5:31	18:26		11	5:14	18:50		11	6:54	16:46
	16	5:24	18:30		16	5:17	18:45		16	6:58	16:47
	21	5:18	18:34		21	5:21	18:39		21	7:01	16:49
	26	5:12	18:38		26	5:25	18:32		26	7:03	16:52
					31	5:29	18:26		31	7:05	16:55

东京（北纬：35度66分，东经：139度74分）

月	日	日出	日入	月	日	日出	日入	月	日	日出	日入
1/	1	6:51	16:39	5/	1	4:49	18:27	9/	1	5:13	18:09
	6	6:51	16:43		6	4:44	18:32		6	5:17	18:02
	11	6:51	16:47		11	4:40	18:36		11	5:20	17:55
	16	6:50	16:52		16	4:35	18:40		16	5:24	17:47
	21	6:48	16:57		21	4:32	18:44		21	5:28	17:40
	26	6:45	17:02		26	4:29	18:47		26	5:32	17:33
	31	6:42	17:07		31	4:27	18:51				
2/	1	6:41	17:08	6/	1	4:27	18:51	10/	1	5:36	17:25
	6	6:37	17:14		6	4:25	18:54		6	5:40	17:18
	11	6:32	17:19		11	4:25	18:57		11	5:44	17:11
	16	6:27	17:24		16	4:25	18:59		16	5:48	17:05
	21	6:21	17:29		21	4:25	19:00		21	5:52	16:59
	26	6:15	17:33		26	4:27	19:01		26	5:57	16:53
									31	6:02	16:47
3/	1	6:11	17:36	7/	1	4:29	19:01	11/	1	6:03	16:46
	6	6:05	17:41		6	4:31	19:00		6	6:07	16:41
	11	5:58	17:45		11	4:34	18:59		11	6:12	16:37
	16	5:51	17:49		16	4:37	18:57		16	6:17	16:34
	21	5:44	17:53		21	4:41	18:54		21	6:22	16:31
	26	5:37	17:58		26	4:44	18:50		26	6:27	16:29
	31	5:29	18:02		31	4:48	18:46				
4/	1	5:28	18:02	8/	1	4:49	18:46	12/	1	6:32	16:28
	6	5:21	18:07		6	4:53	18:41		6	6:36	16:28
	11	5:14	18:11		11	4:57	18:35		11	6:40	16:28
	16	5:07	18:15		16	5:00	18:30		16	6:44	16:29
	21	5:01	18:19		21	5:04	18:24		21	6:47	16:31
	26	4:55	18:23		26	5:08	18:17		26	6:49	16:34
					31	5:12	18:10		31	6:50	16:38

福冈（北纬：33度58分，东经：130度40分）

月	日	日出	日入	月	日	日出	日入	月	日	日出	日入
1/	1	7:23	17:21	5/	1	5:30	19:01	9/	1	5:52	18:44
	6	7:23	17:25		6	5:25	19:05		6	5:55	18:38
	11	7:23	17:29		11	5:21	19:09		11	5:59	18:31
	16	7:22	17:34		16	5:17	19:13		16	6:02	18:24
	21	7:21	17:39		21	5:14	19:16		21	6:05	18:17
	26	7:18	17:44		26	5:12	19:20		26	6:09	18:10
	31	7:15	17:49		31	5:10	19:23				
2/	1	7:15	17:49	6/	1	5:09	19:23	10/	1	6:12	18:03
	6	7:11	17:54		6	5:08	19:26		6	6:16	17:57
	11	7:07	17:59		11	5:08	19:29		11	6:20	17:50
	16	7:02	18:04		16	5:08	19:30		16	6:24	17:44
	21	6:56	18:08		21	5:09	19:32		21	6:28	17:38
	26	6:51	18:12		26	5:10	19:32		26	6:32	17:33
									31	6:36	17:28
3/	1	6:47	18:15	7/	1	5:12	19:33	11/	1	6:37	17:27
	6	6:41	18:19		6	5:14	19:32		6	6:41	17:22
	11	6:34	18:23		11	5:17	19:31		11	6:46	17:18
	16	6:28	18:27		16	5:20	19:29		16	6:51	17:15
	21	6:21	18:31		21	5:23	19:26		21	6:55	17:13
	26	6:14	18:34		26	5:26	19:23		26	7:00	17:11
	31	6:08	18:38		31	5:30	19:19				
4/	1	6:06	18:39	8/	1	5:30	19:19	12/	1	7:04	17:10
	6	6:00	18:42		6	5:34	19:14		6	7:08	17:10
	11	5:53	18:46		11	5:37	19:09		11	7:12	17:11
	16	5:47	18:50		16	5:41	19:04		16	7:16	17:12
	21	5:41	18:54		21	5:44	18:58		21	7:19	17:14
	26	5:35	18:57		26	5:48	18:52		26	7:21	17:17
					31	5:51	18:46		31	7:22	17:20

※受闰年等因素的影响，每年的时间会产生1～2分钟的偏差。详情请查阅理科年表或天文年鉴。

Part3

宇宙是多么不可思议

$$G_{\mu\nu} + \Lambda g_{\mu\nu} = kT_{\mu\nu}$$

$\Lambda g_{\mu\nu}$

发现"宇宙中的第一颗星"

宇宙的"暗问题"

如今，天文学家们正面对着宇宙黑暗时代、暗物质、暗能量这三个"暗问题"。在这一节，我将为大家介绍"宇宙黑暗时代"，在下一节将介绍"暗物质"和"暗能量"。

一般认为，宇宙是在距今 138 亿年前的大爆炸中诞生的。这种理论被称作"大爆炸宇宙论"。而"宇宙黑暗时代"则指的是自宇宙大爆炸 38 万年后发生的"宇宙放晴"到宇宙的第一颗星球诞生为止长达数亿年的黑暗。那是星星在宇宙中绽放光芒之前的时代。

我们到现在对这一时期的情况仍不了解。想要研究第一颗星球诞生时的宇宙初期，想要研究最为遥远的宇宙，需要发明出比现有的天文望远镜体形更加庞大的设备。

宇宙大爆炸与宇宙的诞生

归根究底，宇宙的诞生直到今天仍然是我们尚未解开的一个谜。一般认为宇宙是从"虚无"中诞生的。所谓虚无指的就是不存在如今宇宙中所拥有的"物质""空间"，甚至"时间"的状态。

宇宙刚诞生时可能存在着高达 11 个维度。之后，多余的维度渐渐降维，最后只剩下三维的空间和一维的时间。至少我们所生存的这个宇宙是一个四维的宇宙。

在宇宙诞生的同时，极为微小的"宇宙"会瞬间膨胀到比一个星系团还大，远超人们的想象。这种现象被称为"暴胀"。

虽然现在还未发现关于暴胀的证据，但间接证据给了暴胀可靠的理论支持。在这一时期，宇宙内含的真空能量突然相变为热能。在狭义上[1]这次相变（的瞬间）被称作宇宙大爆炸。

宇宙大爆炸释放的惊人热量使得刚刚诞生的宇宙进一

---

[1] 广义的宇宙定义是万物的总称，是时间和空间的统一。狭义的宇宙定义是地球大气层以外的空间和物质。（编者注）

步膨胀。暴胀和宇宙大爆炸产生了时间，空间也随之开始扩张。

大爆炸时的宇宙就像是一个火球。当时的宇宙处于一个极度高温、密度极大的状态，甚至超过了恒星内部的核聚变反应。大量的基本粒子就是在这时产生的。

当时的基本粒子有两种，一种是"粒子"，另一种是和粒子发生反应后会释放巨大能量并湮灭的"反粒子"。反粒子与粒子相比数量极少，每 10 亿个粒子才有 1 个反粒子，因此反粒子在宇宙早期就已经全部湮灭了。仅剩的为数不多的粒子成了如今的宇宙的万物之源。

在迷雾之中放晴

在急速膨胀的同时，宇宙的温度也逐渐降低。基本粒子夸克聚集在一起，组成了质子和中子。质子和中子聚集在一起，又形成了氢、氦等的原子核。在这一时期诞生的原子核中，92% 为氢，剩余 8% 为氦以及极少的锂。到此为止不过是宇宙大爆炸之后大概 3 分钟内发生的事情。

133

◆ 宇宙的历史

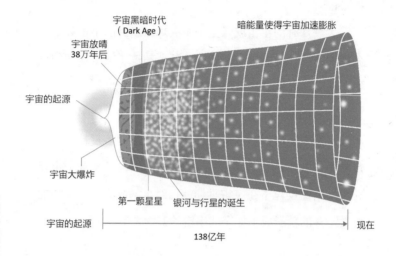

初期的宇宙中飞舞着大量的电子。光子因为与电子产生碰撞无法直线传播，所以当时的宇宙是不透明的，仿佛处于雾中一般。在宇宙大爆炸的 38 万年之后，宇宙随着自身膨胀已经充分冷却了下来（3000 摄氏度），电子与原子核结合形成了原子，不再阻碍光子的传播。宇宙中的视野也因此转好，这就是宇宙放晴的瞬间。

当时释放出的光芒就是如今的宇宙背景辐射，用绝对温度来衡量的话，可以观测到背景辐射是 3 开的微波。

在宇宙放晴之后，宇宙中的所有氢、氦、锂都处于原子状态。没有一丝光明的黑暗持续了数亿年。这些元素后来聚集起来，形成了恒星，恒星释放的光芒才终于将处于黑暗深渊的宇宙照亮。各国的天文台都在竞相寻找那束来自宇宙中第一颗星球的光芒。

前面已经提到，日本国立天文台建造的巨型望远镜TMT 在完成后，解析力将是昴望远镜的 4 倍，集光力将是昴望远镜的 10 倍以上。TMT 一定能够揭开宇宙第一颗星球以及第一个星系形成的奥秘。

口径超过 30 米的新一代超大型天文望远镜计划除 TMT 之外在世界上还有两个，10 年之后，使用 30 米级望远镜进行的研究将会成为天文学研究的主流。

大爆炸之后过了几亿年，宇宙中的第一颗星星究竟是如何绽放光芒的呢？

暗能量之谜

暗物质的真相

地球的大气中有 78% 是氮气，21% 为氧气。同时，我们人体的构成，如果用化学元素来分析的话，氧占 65%、碳占 18%、氢占 10%、氮占 3%。那么，宇宙的组成结构又是什么样的呢？

2013 年，欧洲航天局（ESA）发射了宇宙微波背景探测卫星"普朗克"，其最新研究成果现已公布。研究显示，构成整个宇宙的所有物质、能量中，常见物质占 4.9%，暗物质占 26.8%，暗能量则占 68.3%。

包括在宇宙中闪耀的恒星在内，构成宇宙的各种元素，在整个宇宙的物质、能量中的占比不过 5% 左右。

◆ 宇宙由什么构成

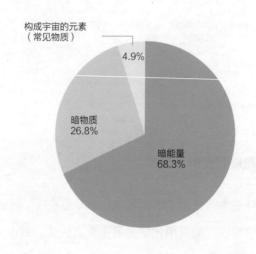

构成宇宙的元素
（常见物质）

4.9%

暗物质
26.8%

暗能量
68.3%

　　而另一方面，约占27%的暗物质目前还是一个尚不清楚具体为何物的未知物质，但我们已经知道暗物质和化学元素一样，也会受到重力的作用。

　　关于暗物质究竟是什么，目前有许多学说，人们也在不断进行着各种实验和观测。有人猜测暗物质可能是一种未知的基本粒子，但目前并没有证据支撑这一猜测。

　　关于暗物质的存在，早在20世纪60年代就有人预言。如今，我们利用引力透镜这一现象，可以探测到电磁波无法探测到的暗物质在宇宙中的分布情况。所谓引力透镜，是百年前阿尔伯特·爱因斯坦（1879—1955）在广义相对论中预言的一种现象。广义相对论简单来说，便是"宇宙中的时间与空间都受到重力的支配"的一种思想。

爱因斯坦预言称，受到太阳这样大质量天体的引力的影响，宇宙空间本身会产生畸变，而光在经过大质量天体附近时，其传播路线也会随之弯曲。光线的弯曲就像是在宇宙中放置了一块透镜一样，因此这一现象被称作引力透镜。

1919 年，引力透镜说在日全食的观测中被证明了。以英国知名天文学家亚瑟·艾丁顿（1882—1944）为队长的日食观测队，在非洲和巴西观测日全食。他们将没有发生日食时（也就是其他季节的夜间）测出的位于日食位置背后的星体光线，与发生日全食时太阳光被遮蔽、太阳周围的星体由此可见时的星体光线进行比较，发现两者有微小的差别。

这一结果证明，恒星的光在经过太阳附近时，会受到太阳引力的影响而产生微小的扭曲，也就是说它证明了引力透镜的存在。爱因斯坦的相对论在科学界也因此被认定为事实，其后，爱因斯坦的地位也愈加不可动摇。

像这样通过引力透镜来观测扭曲的天体，由其扭曲的程度可以测定暗物质的量及其分布范围。

日本的昴望远镜如今也在通过新的广域照相机，试图揭开暗物质之谜。

宇宙在不断膨胀

宇宙在 138 亿年前发生了大爆炸，宇宙本身在今天也在不断地膨胀。使宇宙膨胀的能量正是暗能量。TMT用长达十数年的时间来观察、测量遥远星系的变化，想要找出宇宙膨胀的变化量。

与此同时，人们在 1998 年发现了一个有趣的事实。宇宙的膨胀如今正在加速。在大爆炸之后宇宙一直在膨胀，至今为止，人们一直认为宇宙的膨胀会慢慢减弱并最终停滞，或者反过来开始收缩。

然而，现在人们通过观测已经发现，宇宙的膨胀在大约 60 亿年前开始加速了。这是通过研究宇宙深处的星系中诞生的许多超新星而得出的结论。超新星的产生数量是可以通过计算来预测的。同时，因为超新星十分明亮，因此即便它在宇宙深处，我们也能测量出地球距其所在星系的距离。研究结果表示，过去宇宙膨胀的速度比现在更为缓慢。如果做一个形象的比喻，宇宙是呈喇叭口状继续膨胀的。这一事实本身就足以震惊世人。

暗能量与爱因斯坦

而这一发现，实际上对爱因斯坦的引力场方程也产生了巨大的影响。引力场方程是精密表达出引力作用的公式。引力的作用于350年前为人们发现，可以通过牛顿的万有引力定律大致表达出来。我们在地球上的生活基本上可以仅靠万有引力定律来进行解释。然而，在宇宙诞生之初，或是在黑洞等极为强大的重力源附近，就必须使用较万有引力定律更为严密的爱因斯坦的引力场方程来解释。

广义相对论将时间、空间与引力之间的关系进行了整理，以它为基础的引力场方程便自然而然地能够得出宇宙将继续膨胀的结论。

然而，这对于爱因斯坦来说却是一个棘手的难题。

因为，当时包括爱因斯坦在内，所有人都认为"宇宙的神的领域＝永远不变的存在"。普通人自不用说，所有科学家们也都深信宇宙是永恒不变的。英语中有一个词汇含有宇宙之意，叫作"COSMOS"，意味"和谐之物"，是"CHAOS"（混沌）的反义词。"COSMOS"并非永恒不变，而是在不断膨胀的。这一事实对于爱因斯坦而言，相比于科学发现上的震撼，他在心理上更加难以接受。

◆ 爱因斯坦的引力场方程

原来的爱因斯坦引力场方程

$$G_{\mu\nu} = kT_{\mu\nu}$$

加入了"宇宙常数"的引力场方程

$$G_{\mu\nu} + \Lambda g_{\mu\nu} = kT_{\mu\nu}$$

宇宙常数
＝
暗能量（斥力）

$\Lambda g_{\mu\nu}$是让宇宙膨胀的力

因此爱因斯坦需要证明宇宙并没有在膨胀，而是处于静止状态。而他当时所采取的行动是，他不顾"宇宙常数"并没有可靠的物理学依据，而将这一与引力性质相反的斥力（物体间相互排斥之力）引入了引力场方程。

当时在苏联有一位数学家名叫亚历山大·弗里德曼，他是一位天才数学家，年仅 37 岁便英年早逝。他在量子力学、相对论等当时最先进的物理学领域造诣很深，并通过自己擅长的数学对宇宙的构造进行了深入研究。他在对爱因斯坦的广义相对论进行细致验证的过程中得出了一个结论，他认为"宇宙应当处于正在膨胀或正在收缩当中的某一状态"，也就是说"宇宙并非静止的"。

亚历山大·弗里德曼
（1888—1925）

爱因斯坦并不赞同这一结论。然而在 1929 年，美国天文学家爱德文·哈勃通过观测证明了宇宙的膨胀，这也成了证明宇宙是因为大爆炸而产生的有力证据。爱因斯坦也不得不取消宇宙常数。

然而 60 年后，人们还是发现宇宙中果然存在着与引力相反的斥力，这种斥力被称作暗能量。暗能量如今正在使宇宙的膨胀不断加速。遗憾的是，凭借如今的科学技术完全无法揭开它的真面目。

　　如今，宇宙学的研究一线正陷入一片混沌。研究微观基本粒子的物理学家也好，将宏观宇宙当作实验场的天文学家也好，都在翘首企盼一种能够彻底解决所有"为什么"的新理论出现。

星系是如何形成的

星系有许多种类

我们的身体是由大约 60 万亿个细胞组成的。宇宙则是由被称为星系的星体的大型集合体构成。星系的数量据估算约有数千亿个，但准确的数目尚不得而知。

很少有星系会像细胞那样彼此紧密相连，虽然会存在星系群、星系团、超星系团等星系组成的集团，但星系之间都是相互分离、各自独立的，星系之间会存在极为稀薄的氢气。

人体的细胞可以分为骨细胞、皮肤细胞、内脏细胞、神经细胞等，种类高达约 200 种。但星系从其形态上分，可以大致分为旋涡星系、椭圆星系，以及难以归为以上两类的不规则星系三大类。

旋涡星系就像下图中显示的那样，中央为星系核，银盘呈旋涡状，星系核和银盘外围笼罩着银晕。

◆ 银河系的构造

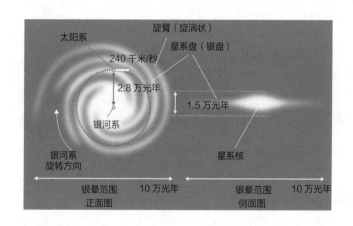

太阳系
旋臂（旋涡状）
星系盘（银盘）
240 千米/秒
2.8 万光年
1.5 万光年
银河系
银河系
旋转方向
星系核
银晕范围
正面图
10 万光年
银晕范围
侧面图
10 万光年

　　旋涡星系从正面看呈旋涡状，从侧面看比较扁平，形状像是铜锣烧[1]。我们所居住的星系——银河系也属于旋

---

[1] 中国一般称之为"梭形"，铜锣烧为一种日式点心。（译者注）

涡星系的一种。

近年的研究显示，银河系的直径为 10 万光年，太阳系距银河系中心约 2.8 万光年，位于名为猎户臂的旋臂上。银河系的星系核并非圆形，旋涡的核心是呈棒状的。

第一个诞生的星系

人类在出生之后的十几年里，会由一个受精卵分裂出 60 万亿个细胞，并总是在进行着新陈代谢。宇宙自诞生以来已经经过了 138 亿年，而星系的数目不过数千亿个左右。相比于宇宙，我们人类的成长速度更快。然而，两者的成长规模却是不能相提并论的。

同时，宇宙并非由一个星系反复进行分裂而形成数千亿个星系的。但我们目前还不清楚在宇宙诞生之初星系究竟是如何形成的。

如今我们所知的最遥远的星系是哈勃太空望远镜发现的名为 EGS8p7 的星系，据估算，它距离地球 132 亿光年。宇宙的年龄是 138 亿岁，我们由此可以得知，在宇宙诞生 6 亿年之后就已经形成了该星系。

最遥远的星系便是最初形成的星系。为了抢先发现最古老的星系，包括日本国立天文台的昴望远镜在内，各国的大型天文望远镜都在你追我赶地竞争着。

多亏了各国的竞争，最古老星系的记录每一年都会被刷新，今后人们可能会发现更加早期的星系。天文学家之所以不断寻找最遥远的星系，是因为这会成为解开恒星诞生之谜的钥匙。

可以算作宇宙中的第一颗星的那个天体，在只有氢原子运动的漆黑宇宙中，究竟是何时、又究竟是如何绽放出光芒的呢？我对此实在是兴趣盎然。宇宙中的繁星，可能正是由此一个接一个地绽放光芒，最终形成了无数星系。

星系究竟是如何分布的

让我们来看看现在的星系分布。在下一页中的图中，每一个点代表一个星系，它们彼此间的距离、位置都是经过准确测量的。宇宙中星系的分布其实是极为不均衡的，呈现出一种很有特点的分布方式，这种分布方式被称作宇宙的大尺度结构，或泡沫状结构。为何星系分布会出现这种不均衡呢？这其实是支配整个宇宙的重力的表现。

前面提及宇宙是由星系构成的，但这仅仅不过看起来是如此。宇宙中存在着我们看不见的暗物质，它的存量是我们能够观测到的星系的 10 倍之多。暗物质其实是一种真面目尚不明朗的重力源。因为重力就是引力，因此它会不断吸引自己周围的物质。

◆ 银河的褶皱

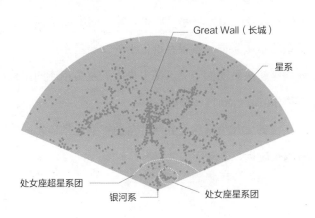

Great Wall（长城）

星系

处女座超星系团

银河系

处女座星系团

在宇宙形成的初期，因为暗物质积极发挥作用，宇宙各处的氢原子被吸引，很快便形成了巨大的团块，由此依次形成了星球和早期的小型星系。

之后，星系之间也开始相互吸引，星系的分布原本是十分平均的，随着星系之间的吸引，逐渐形成了星系群（有数十个星系的星系群体）、星系团（在 1000 万光年范围内有数千个星系）、超星系团（若干个星系团集聚在一起形成的横亘数亿光年的群体）等不同等级的群体，最终形成了如今宇宙中星系分布不均的格局。

我们所居住的太阳系位于银河系。银河系率领着附近的大麦哲伦星云、小麦哲伦星云等小型星系，和仙女星系（M 31）以及三角座星系（M 33）等一同组成了拥有数十个星系的本星系群。本星系群位于处女座星系团附近，属于处女座超星系团的一员。图中央附近左右相连的星系群体被称作Great Wall（长城）[1]。

宇宙的大尺度结构受到暗能量的影响，星体之间的距离将越来越远，逐渐膨胀。

---

[1]　也译作"巨墙"。（译者注）

从行星中被除名的星星

布鲁托与迪士尼

过去有许多人应当都会用"水金地火木土天海冥"的口诀来记忆太阳系的行星。冥王星是 1930 年由美国亚利桑那州罗威尔天文台的技师克莱德·汤博（1906—1997）发现的。直到 2006 年，冥王星都作为太阳系的行星九被分类为行星。

冥王星的直径为 2370 千米，比月亮小，直径约为地球的五分之一，是一个小型冰质天体。它表面温度为零下 233 摄氏度，距离太阳系中心十分遥远，是一颗极寒之星，每 248 年才绕太阳公转一周。地球绕太阳公转 1000 周时，冥王星不过刚绕太阳公转 4 周，速度很慢。

冥王星亮度极暗，运转速度也很慢，在地球上观测时如果不够认真、细致是很难发现的。汤博先面向空中的某一方向拍摄了照片，一周之后在完全相同的位置又拍摄了一张照片。他通过对比两张天体照片，发现有一个模糊的点在星座之间稍微移动了一点。那就是在遥远太阳系的彼岸转动着的未知行星。

冥王星在英语中叫作Pluto，是冥界之王（哈迪斯）的意思，取自一个英国的11岁小女孩所提议的名字。华特·迪士尼将米老鼠的爱犬命名为"布鲁托"，也是取自1930年发现的冥王星。

18世纪发现天王星的是英国人，19世纪发现海王星的是法国人、英国人和德国人，20世纪作为行星九被发现的冥王星是由美国人发现的，这让无数美国人感到非常骄傲。

行星的定义

然而，2006年8月，在捷克布拉格举办的国际天文学联合会（IAU）大会上，经过与会全体天文学家的投票表决，自那时为止一直作为太阳系第九大行星为人熟知的冥王星自行星之列除名。

为什么冥王星不再是行星了呢？

冥王星并没有消失，也没有发生变化，而是这次 IAU 大会首次明确了过去暧昧不明的行星定义。

按照这一新定义，行星是：

1. 必须围绕恒星（太阳）公转；

2. 在自身的影响下保持近于球体的形状（具有足够大的质量）；

3. 轨道上不能有除卫星以外的其他天体。

同时满足以上三个条件的天体。

冥王星附近存在着 2003 年发现的阋神星，此外还有妊神星、鸟神星等数个位于海王星之外的天体，不满足条件 3。而满足 1 和 2、不满足 3 的天体被称为"矮行星"。按照这一行星定义，太阳系内从水星到海王星是"行星"，因此，在外海王星天体之中，像冥王星这样的呈球体的天体便被称作"类冥天体"。

如今，被定义为类冥天体（位于太阳系边缘的矮行星）的有冥王星，以及更加靠近太阳系边缘的妊神星、鸟神星、阋神星四颗天体，这一数目今后也将继续增加。

◆ 太阳系的行星与矮行星

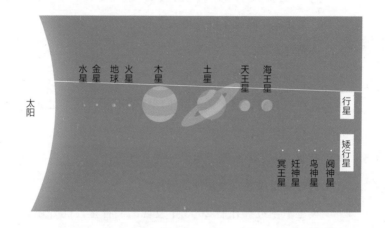

人们认为在海王星外和太阳系尽头的奥尔特云之间，外海王星天体存在的区域基本上是呈带状的。这一区域，取其两位提出者之名，被称作"艾吉沃斯·柯伊伯带"或"柯伊伯带"。在这一区域内已经发现了超过 1600 颗外海王星天体。

"新地平线号"拍摄的冥王星

至今仍有美国人坚持主张冥王星是行星。在 2006 年举办的 IAU 大会，也就是决定冥王星不再是行星的大会举办仅 7 个月之前，美国科学家向冥王星发射了探测器"新地平线号"。探测器上还携带着汤博的骨灰。

"新地平线号"经过长达九年半的漫长旅途，终于在2015 年 7 月 14 日抵达了最接近冥王星的地点。"新地平线号"抵达冥王星附近，在美国引起了热议。"新地平线号"上搭载有 7 台测量用仪器，其中包括两台摄像机，质量将近 500 千克。此次航空探测的总经费约为 7 亿美元。

"新地平线号"传回的图像中最令人惊讶的一点是，冥王星的表面并非人们想象中的那样和月球一样遍布环形山、地形十分古老，反而有着看起来像刚刚形成没多久的平坦地形、冰川地貌，还有像地球的海岸线一样的地形，地形丰富多样，看起来就像地球的表面一样。此外，还发现了高度超过富士山、高达 3500 米的山峰。我们现在还不知道为何冥王星表面会呈现出这些看起来年代很新、类型丰富的地貌。

"新地平线号"的英文名"New Horizons"是复数形式，代表着人们希望它在详尽调查冥王星之后，能够继续观测其他外海王星天体的心愿。

今后，"新地平线号"可能将于 2019 年前后经过艾吉沃斯·柯伊伯带上的外海王星天体"2014 MU69[1]"附近，并对其进行拍摄。[2]2014 MU69 是于 2014 年发现的外海王星天体之一，在地球上即便使用大型天文望远镜来观测它，也只能看到一个模糊的点。

"新地平线号"为我们拍摄的 2014 MU69 的真面目究竟会是怎样的呢？如果一切顺利，它将为我们拍摄到距离地球最远[3]的小天体。在那之后，"新地平线号"将会和"先驱者 11 号、12 号""旅行者 1 号、2 号"一样，沿着脱离太阳系的轨道，驶向深远的宇宙。

---

[1] 英文名为"Ultima Thule"，中文常意为"天涯海角"或"终极之地"。（译者注）
[2] 2019 年 1 月 1 日，新视野号近距离接近 2014 MU69，并拍摄了图像。根据图片来看，它是花生形状或者是两个互相环绕运行的小天体。（译者注）
[3] 此处指太阳系范围内最远的天体。（译者注）

第一个使用天文望远镜的人不是伽利略

曾有一位默默无名的天文学家

第一个使用天文望远镜的人，是谁呢？

许多书中都记载称，是意大利的伟大科学家伽利略·伽利雷。根据记录显示，在距今约四百年前的 1609 年 11 月 30 日，伽利略·伽利雷利用自己制作的望远镜观测了月球。

根据这一记录，人们长期以来都深信伽利略是第一个使用天文望远镜的人，但实际上在伽利略之前，便有人留下了使用望远镜的记录。人们已经确认，英国的无名天文学家托马斯·哈里奥特曾于 1609 年 7 月 26 日使用天文望远镜观测月球，并留下了素描记录。

于他而言非常遗憾的一点，便是哈里奥特并没有留下多少包括天文望远镜观测记录在内的研究笔记。他可能是一个不喜欢动笔记录的人。而伽利略的伟大之处便在于他卓越的观察力、洞察力，高超的发明工具的能力，更在于他留下了大量研究记录。

同时，伽利略并没有使用当时学者们普遍使用的拉丁语进行记录，而是在许多著作中使用了平民百姓也能看得懂的意大利语。这也是他被称作世界上第一位科学普及者的原因。

托马斯·哈里奥特
（约1560—1621）

两人所绘的月球素描

2013 年秋，我曾造访哥白尼曾经生活过的地方——波兰华沙。在华沙大学附近的某间旧书店，我有缘看到了一本书。那是 1978 年在波兰出版的 *STUDIA COPERNICANA XVI*，是一部学术书籍。书中的一篇论文收录了哈里奥特于 1609 年所绘的月球的素描图。

◆ 哈里奥特的月球和伽利略的月球

哈里奥特的素描

伽利略的素描

通过将其与伽利略的素描图相比较，可以感受到两人所用天文望远镜的性能与两人绘图能力之间的差距。在此，我将先介绍一下相关的历史背景。

伽利略的功绩

同样作为使用天文望远镜的先驱，为何只有伽利略的名声广为流传呢？我以为其理由如下。

1608 年，伽利略在帕多瓦大学担任教授，他听说荷兰已经有人制作出了望远镜，于是立刻开始着手制作自己的望远镜，并于 1609 年开始观测天体。

伽利略正式开始观测天体的时间是 1609 年底，月球观测记录是于 1609 年 11 月 30 日开始的。他的著作《星际使者》及其后的观测结果中展现出了数个明确的观测事实，具体如下：

1. 月面有着凹凸起伏；除了月球表面的特征以外，还观测到在肉眼可见的恒星以外存在无数的恒星。

2. 有 4 颗星体（伽利略称之为"行星"，实际上是卫星，如今这四颗卫星被称作"伽利略卫星"）在绕木星运转。

3. 金星也像月球一样有圆有缺，其直径也会发生变化。

此外，银河系中存在无数恒星、太阳表面存在黑子等，也都是伽利略的发现。

伟大的天文学家

伽利略发明的是物镜为凸透镜、目镜为凹透镜的光学望远镜，也被称为"伽利略式望远镜"。据说，伽利略一生制作了将近100架望远镜。伽利略的光学望远镜的特点是焦距较长，如今已经不再作为天体观测使用。

在天体观测中，如今一般使用与伽利略同年代的德国天文学家约翰尼斯·开普勒（1571—1630）发明的物镜、目镜均为凸透镜的"开普勒式望远镜"。使用这种方法，可以制作出视野明亮的光学望远镜。

在伽利略制作的众多望远镜之中，现有两架保存于意大利佛罗伦萨的伽利略博物馆。其中之一便是观测到了《星际使者》中诸多发现的望远镜，其镜头直径为51毫米、焦距为1330毫米、倍数为14倍。

实际上，如果大家用复原出的伽利略式望远镜观测月球，一定会大吃一惊。因为，它的视野会非常狭窄、昏暗。《星际使者》中留下的月球的整体素描，都是伽利略一点一点挪动望远镜的观察角度，花费了大量时间、精力精心绘制而成的。

重新回顾《星际使者》，我再次为伽利略的卓越才能惊叹。如今活跃在研究一线的职业天文学家当中，已经很少有人能具有伽利略这样深厚的观察能力了。

通过引力波探寻宇宙诞生的奥秘

引力波观测得出的惊人事实

距今约 13 亿年前，在遥远的宇宙深处，有两个黑洞合二为一，产生了庞大的能量。这一能量化为了引力波，并于 2015 年 9 月 14 日传播到了地球。

人们在很早之前就预测，在黑洞产生或黑洞之间合并时会产生强大的能量，同时释放出引力波。而在例如宇宙起源的瞬间、高质量恒星在演化末期经历"超新星爆发"的瞬间、中子星合并等重力急剧变化的特别事件发生时，宇宙空间都会被扭曲。

空间的扭曲，就像是地底的地震波一般在宇宙空间中传播。这就是所谓的"引力波"。引力波的存在，早已被爱因斯坦通过广义相对论预言了。其实，大家哪怕甩一甩

自己的胳膊都会引发引力波，但因为胳膊带动的引力波的
振幅过小，因此无法被检测到。

◆ **引力波的产生原理**

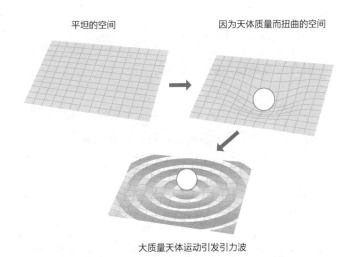

平坦的空间　　　　　　　　　　　因为天体质量而扭曲的空间

大质量天体运动引发引力波

距离爱因斯坦的预言已经过去了 100 多年，人类终于
在 2015 年成功捕获到了引力波。观测到引力波的是美国
的引力波望远镜"LIGO"，参与其中的研究者超过了 1000
人。在探测到引力波之后，他们又对数据进行了长达 5 个

月的周密核对、核算，最终于 2016 年 2 月公布了引力波的存在。这一结果震撼了全世界，日本的各大报纸也纷纷在头版头条报道了这一消息。

宇宙是怎么诞生的呢？

引力波是极为微小的空间扭曲。引力波在宇宙空间中传播时，南北向和东西向这种垂直方向上空间的长度会产生微妙的变化，测量变化值可以求出引力波。

因此，在测量时想要避免人、卡车等人工振动，或是自然界中地面的伸缩变化等干扰，就必须在较长的距离内准确测量空间的伸缩。引力波抵达地球后，受到时空扭曲的影响，两个测量点之间的距离会发生变化。那么变化量究竟有多大呢？例如黑洞合体时，测量太阳与地球之间那么远的距离（1 天文单位≈1.5 亿千米），长度变化细微到不过一个氢原子大小。1 个氢原子的直径为 0.000,000,000,1 米，可以想象测量是多么的精密。

大型低温引力波望远镜"KAGRA"于 2015 年，以东京大学宇宙射线研究所为主导，高能加速器研究机构及国立天文台参与的形式，在超级神冈探测器附近建立起来了。KAGRA 的原理是在直径 3 千米的L型通道中贯穿一条真空管道，在 L 字的中心向 3 千米的两段同时发射测距用的激光。让光线在其中多次反射后，从所用时间的差异可以测量出引力波。

◆ KAGRA 设施

KAGRA 预计于 2019 年下半年正式开始观测工作。其灵敏度超过了 LIGO 和欧洲的引力波望远镜 VIRGO，人们十分期待 KAGRA 能够每两到三个月就检测出一次黑洞合体。它能够检测出的中子星合体应该会更多。如今我们所居住的银河系中，已经确认的黑洞约有数十个，中子星则有数百个。KAGRA 很可能每个月都能检测出一次中子星的合体。

引力波不仅只在中子星或黑洞合体的瞬间产生。人们认为在理论上，138 亿年前宇宙诞生之际应当发生了暴胀现象。然而，在观测上目前我们尚未发现任何证据。

暴胀时也应当产生了巨大的引力波。这一现象距离我们 138 亿光年，十分遥远，需要进行高精确度的观测。如果能够检测到当时的引力波，那将是足以比肩发现希格斯粒子的壮举。

暴胀理论的其中一位提出者，是日本天文学家佐藤胜彦博士。一旦暴胀在观测上得以证实，那么佐藤博士毫无疑问必会获得诺贝尔物理学奖。

引力波的测量方法

LIGO、KAGRA 等现在正在使用的引力波望远镜，是使用激光干涉仪精密测量距离变化的仪器。激光干涉仪会将一束激光分为两道垂直的光线，光线通过远处的镜面进行反射，检测器则以精确到 10^{-19} 米的精确度来测量激光的抵达时间。

◆ 引力波的观测

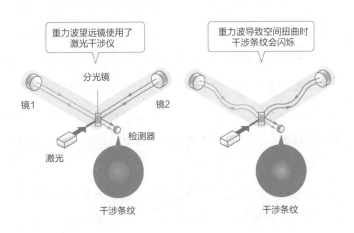

重力波望远镜使用了激光干涉仪

重力波导致空间扭曲时干涉条纹会闪烁

分光镜

镜1

镜2

激光

检测器

干涉条纹

干涉条纹

　　如上面所述，引力波的传播会使得空间发生扭曲，位于测量地点的检测器也会发生变化。测量这一细微时间差的装置便是干涉仪，它能够通过干涉条纹的变化检测出极为微小的时间差，是一个神奇的工具。

黑洞传来的信号

　　黑洞会吸收一切物质，哪怕是光也不例外。这一次我们发现的引力波来自距离地球 13 亿光年的地方。在那里，有两个质量分别为太阳的 29 倍和 36 倍的质量极大的黑洞合体，并产生了质量达太阳 60 倍以上的新黑洞。

在合体瞬间（0.1 秒左右的时间之内），黑洞释放了庞大的能量，相当于重达 3 个太阳的氢气一口气爆炸，这一变化引发了引力波。人类第一次获得了直接来自黑洞的信号。

第一次观测到引力波并不意味着结束，反而是一个开始。这意味着引力波天文学正式成立了。仅靠这次成功观测到引力波的 LIGO 并不足以确定引力波的源头。欧洲的 VIRGO 和日本的 KAGRA 等全新的引力波望远镜与 LIGO 相互合作，才终于确定了引力波的来源。

KAGRA 的项目负责人是东京大学宇宙射线研究所的梶田隆章所长。梶田教授通过位于岐阜县神冈矿山地下的超级神冈探测器，证明了中微子也有质量，并因此获得了 2015 年的诺贝尔物理学奖。

一直以来，全世界的研究者们都在不断尝试，希望能够第一个探测出引力波。例如在国立天文台三鹰园区内，就有着名为 TAMA300 的引力波检测器（引力波望远镜）。

星座是什么时候、在哪里产生的

最为古老的学问——天文学

天文学可以说是一切学问之母。5000 年前，美索不达米亚地区的石器、壁画中就已经出现了狮子座、巨蟹座等星座。在同一时期，埃及、中国等各个国家，星座也随着文明起源而被创造出来。

当时的人类社会基本由狩猎民族和游牧民族组成，随着季节变化人们需要迁徙。也就是说，人们的日常生活总是在路上。为此，人们白天看路靠太阳，晚上看路靠星座，必须随时判断出自己的位置和所处的纬度、经度。只要找到北极星就能够判断北方在哪里，因此当时的人们从小就将指示北极星的星座排列谙熟于心。

进入农耕文化后，告诉人们何时播种、何时收获的历法变得不可或缺。而在进行交易时，还需要确定在何时何地同交易对象见面。因此，能够告诉人们自己所处方位、季节、时间的夜空中的星座便成了一种至关重要的存在。

如今，全世界的学术界都使用 88 个统一的星座，其原型来自美索不达米亚、埃及和古希腊时代。

例如，2 世纪的古罗马天文学家托勒密完善了地心说，确定了托勒密 48 星座。狮子座、巨蟹座、天蝎座等黄道十二星座，猎户座、大熊座等至今仍广为人知的星座几乎都包含在内。

其后，到了 15 世纪的大航海时代，欧洲人开始认识过去并不了解的南半球的星空，南天的星座这才加入到星座的大家庭中来。例如望远镜座、显微镜座等以工具为名的星座，杜鹃座、天燕座等珍奇鸟类，剑鱼座、飞鱼座等鱼类，南天当中有着多种多样的星族。

世界各地的星座名称

现在的 88 星座，是为了解决星座划分的重复等混乱问题，由国际天文学联合会（IAU）于 1930 年确定下来的。当时星座与星座之间的边界线也得到了明确划分，星座的总数被定为 88 个。也就是说，整个星空被星座划分成了大小不一的区域。

与 88 星座的学术名称不同，世界各地有很多国家、地区自古以来都有着自己特有的星座。就像大熊座与北斗七星之间的关系一样。

星座、星星的名字根据地区和民族的不同而异，这就像各国的语言也并不相同一样，证明星座对于人们的日常生活是不可缺少的。古希腊人、北美的印第安人看到北斗七星的排列组合，想象它就像是一只巨熊的尾巴一样，因此在北部天空中将北斗七星及其周围的星星想象成了一只巨大的熊。

而同样是北斗七星，中国的某些民族认为它是出身高贵者所乘坐的轿舆，日本人则认为它是一把巨大的舀子。有些地方还会认为它是七只小猪呢。

仙后座和北斗七星相当，都是北天中十分醒目的星座。日本特有的对仙后座的称呼是山形星或是锚星。西方认为 W 形的仙后座是端坐在后位上的古代埃塞俄比亚王妃——卡西欧佩亚，而其实也可以单纯地把它看成两座山，或是沉入海中的锚尖。

◆ 日本特有的星座名称

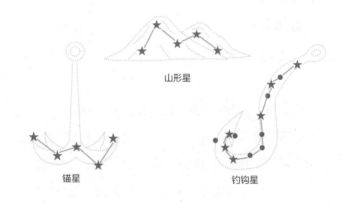

山形星

锚星

钓钩星

有趣得让人睡不着的天文

Astronomy

还有许多地方将天蝎座叫作钓钩星。天蝎座成一个巨大的S形，看起来和钓鱼用的钓钩很像。

在日本以外的地区中，南美印加文明的星座是十分有趣的。印加人因为星星的数量太多，没能将它们一一串联起来，因此便没有给星星起名，而是给银河各处可见的黑带起了名字。印加文明所处的地区海拔高、空气清新，相较于海拔低的地区能够看到的星星更多。它地处南半球，位于银河系中心的射手座、天蝎座会从印加地区的正上方经过。

银河的光辉太过耀眼、太过震撼，印加人可能觉得没有必要特意将周边的星星串联起来记忆吧。他们可以通过观察银河系的角度、形态来判断季节、时间、方位和自己所处的经纬度。

银河黑带指的是尘埃和气体很多、背后藏有星星的区域。根据各个黑带的轮廓，印加地区至今仍保留有大羊驼座、小羊驼座、狼座、蛇座以及鹌鹑座等星座名称。

我们这些现代人，也来挥动其毫不逊色于古人想象之翼，来发现属于自己和小伙伴们的星座吧！我每次看到大熊座、小熊座的时候，总是想象不出尾巴很长的熊该是什么样子的，所以总是把它们看成是天空中的巨大母象和象宝宝，悄悄地称呼它们为妈妈象座和小象座。

星座表中符号的故事

如果找出比较详尽的星座表来看，你会发现在星座名称旁边可能写着陌生的符号，例如 α、β、γ、δ 等，这些是按照希腊字母的顺序排列的。

88 星座的每个星座内的天体，基本是按照亮度顺序被编上了 α、β、γ 等的编号。参宿四在星图、星表中就被标为"α Ori"，这是"猎户座的α星"的意思，"Ori"是星座名称的缩写。

88个星座全都按照星座名的3个首字母被简化为符号。而比较明亮或是很有特点的星星，如天狼星、五车二、大陵五等，它们原有的名字也在作为通称使用。

黑洞有质量吗

黑洞的真面目

提到黑洞，你有着什么样的印象呢？是天空中的巨大洞穴？还是通向异次元的神秘通道？每当进行关于天文学和宇宙的演讲时，我最常被问到的问题就是："黑洞究竟是什么？"（顺带一提，在我的演讲上，第二、第三常被问到的是"宇宙有尽头吗？"和"外星人真的存在吗？"）

黑洞绝不是凭空想象出来的，也不是科幻故事里的虚假之物。它的存在已经被证实了，是一种真正的天体。巨大的恒星在演化末期，因为无法支撑自身的重力，在其中心会突然产生一个时空之穴，这就是黑洞的真面目。

想要真正理解黑洞，需要大家发挥一点想象力。

假设我们在地球上，向远方投一个球。我们用尽全力投球，球会飞得很远。如果有一个力气和金刚、奥特曼一样大的大力士竭尽全力地投球，那么球可能不会落到地上，而是开始绕地球运转。这时，球的速度为每秒7.9千米，这一速度被称为"第一宇宙速度"。这是发射绕地球运转的人造卫星时所必需的速度。

如果更加用力地投球，球将脱离地球的引力范围，开始绕太阳运转。球在这时的速度约为每秒11.2千米，这被称为"第二宇宙速度"。第二宇宙速度是发射"隼鸟2号""晓号"等探测器在太阳系内探索时所必须达到的速度。

球如果想要飞出太阳系，则需要达到每秒16.7千米的速度，这被称作"第三宇宙速度"。第三宇宙速度是"新地平线号""旅行者号"等探测器想要离开太阳系所必须达到的速度，但在发射探测器时很难达到这一速度，探测器一般会在飞行过程中利用行星的重力加速，采用绕行星变轨这种方法。

在比地球还要重的星球上投球的话，又会发生什么呢？

天体质量变大，引力也会变大，想要让球脱离引力范围则需要更大的速度。想要向球施加必要的速度，则需要与之相对应的能量。在地球上投掷重量不同的小球时，因为地球吸引小球的力量是相同的，小球越重，所需要的能量就越大。

而将小球替换成光的话，会发生什么呢？因为光的质量是 0，因此可以不费吹灰之力地从地球向宇宙空间直线传播。

在宇宙中，质量极为庞大、光都无法从中逃逸的天体，那就是黑洞。黑洞的中心近似于奇点。根据相对论，奇点的质量应当是无穷大，引力也是无穷大的。因此，即便是速度高达每秒 30 万千米的光（电磁波）也无法自黑洞逃逸。也就是说，黑洞是无法从外部观测到的天体。

成为黑洞的天体

黑洞究竟是如何形成的呢？

我们虽然无法看到黑洞，但我们可以窥见其运动。在黑洞之中有一些成对的天体（联星[1]）。

---

[1] 也称"双星系统"。（译者注）

◆ 黑洞的观测方法

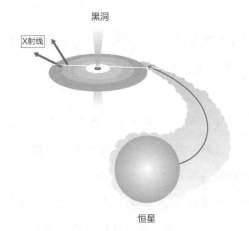

恒星

　　联星释放的气体被黑洞吸收、压缩，被压缩的气体会在黑洞附近放射出强烈的 X 射线。

　　被称为天鹅座 X－1 的联星就是一个代表性的黑洞。

　　夜空中闪耀的恒星，因为其内部的氢在不断进行核聚变反应才能够释放光芒。太阳也是一样。质量越大的恒星所需要消耗的燃料越多，内部的氢耗尽的速度也越快。

　　太阳属于质量较轻的恒星，在氢燃烧殆尽后，太阳内部会残留下由碳和氧构成的高温核心。

　　而质量约为太阳 10 倍以上的恒星则会迎来名为"超新星爆发"的绚烂落幕，爆发后的残骸中可能会产生"中子星"和"黑洞"。根据计算方法不同虽然结果会稍有出入，但一般认为质量达太阳 30 倍以上的恒星最终会成为黑洞。

地球所处的"银河系"的中心存在着质量为太阳 400 万倍的超大质量黑洞。并不是所有的星系中心都存在着超大质量黑洞，但在许多星系中心，尤其是大质量的星系中，存在超大质量黑洞的可能性是很高的。

黑洞研究第一线

1995 年，日本国立天文台野边山宇宙电波观测所的 45 米射电望远镜发现了位于猎犬座的 M106 星系中心的超大质量黑洞，它的质量居然达到了太阳的 3900 万倍。

包裹黑洞的气态圆盘所放出的电波和圆盘静止时是不同的。我们在地球上可以通过电波辉线的巨大的多普勒效应观测到圆盘哪一面是靠近我们的部分、哪一面是远离我们的部分。利用开普勒定律，我们可以求出位于中心的黑洞的质量。

活动星系或是被称为类星体的遥远星系的明亮核心里也存在着超大质量黑洞。黑洞可以分为天鹅座 X－1 这样的大质量天体在演化末期形成的常规大小的黑洞，及位于星系中心的质量可达太阳的数百至百亿倍的超大质量黑洞，此外还有大小居中的超级黑洞[1]。但人们目前尚未发现超大质量黑洞和超级黑洞形成的原理。

人们现在正在利用"京"等超级计算机进行理论上的模拟研究，同时还在 X 射线天文学、电波天文学领域利用不同的波长范围来观测黑洞。

梦幻的白洞

你听说过与黑洞相对的白洞吗？

如果宇宙中存在能够吸收一切的强大引力源，那么难道不应该存在着与之相对的、能够喷射出黑洞所吸收的所有物质的状态吗？20 世纪 60 年代的天文学家们产生了这样一种预测。因其具备和黑洞相反的性质，所以被称为白洞。然而，至今为止我们尚未在宇宙中发现任何一个白洞。

白洞虽然在理论上可能存在，但它在我们的宇宙中可能只是一种架空的天体。无论在理论上还是在观测上，黑

---

[1] 质量一般为太阳质量的 10 万到 10 万亿倍。（译者注）

洞研究都是最受关注的研究课题，而以白洞为研究课题的天文学家少之又少。如果我们真的能够在这个宇宙中找到白洞的话，那也许会形成一个和黑洞成对的、能够在两者间进行超时空移动的虫洞。

关于白洞的设想虽然如今仅存在于想象之中，但它依然有着极大的魅力，许多科幻小说、科幻电影都将白洞描绘为能够进行超时空瞬间移动的通道。

但在实际上，哪怕仅仅是靠近黑洞，我们的身体也会因为强大的重力被撕裂、粉碎为基本粒子级的粉末。像科幻作品中描绘的那样超越时空，很遗憾，是不可能实现的。我建议大家最好不要接近黑洞。

为地球带来生命的是彗星吗

彗星上发现了氨基酸

NASA 的彗星探测器"星尘号"于 2004 年抵达了距绕日公转的"维尔特二号彗星"240 千米处，并收集了"维尔特二号"彗星释放出的尘埃。"星尘号"使用类似于捕蝇纸的装置收集了飘浮到探测器上的尘埃，之后返回地球。

两年后，"星尘号"于 2006 年抵达地球附近，并成功将装有尘埃的返回舱投放回地面。科学家利用最新的分析装置细致研究了这些宝贵的尘埃，并在其中发现了一种必需的氨基酸"甘氨酸"。这对于探寻生命起源有着重大意义，在当时成了一个热门新闻。

人体是由蛋白质组成的。蛋白质是由许多氨基酸结合而成的。组成蛋白质的一种分子出现在了彗星上，这证明氨基酸不仅存在于地球，还存在于宇宙空间中。

如今有许多研究人员认为氨基酸是在宇宙空间中产生后，通过某种途径来到地球的。

"隼鸟 2 号"与小行星

小行星也可能和生命诞生有关。挑战这一难题的是日本的小行星探测器"隼鸟 2 号"。"隼鸟 2 号"是于 2010 年 6 月 13 日返回地球时在大气中燃烧殆尽的小行星探测器"隼鸟号"的后续机型，于 2014 年在鹿儿岛县种子岛的 JAXA 种子岛宇宙中心发射升空。

"隼鸟号"在 2003 年发射升空后，花费了 7 年时间，历经约 60 亿千米的旅途返回了地球。"隼鸟号"当时在大气中燃烧殆尽的模样，一定还有很多人记得。

"隼鸟号"采用了离子发动机，尝试了新的航行方法，以获得揭开太阳系起源之谜的线索为目标，从小行星"丝川"上带回了少量样本。"隼鸟 2 号"为了进一步揭开太阳系起源、进化以及生命的组成物质的奥秘，将在 C 型小行星"龙宫（1999 JU3）"上着陆并带回样本。

小行星也分为许多种类，主要有 C 型和 S 型两种。丝川属于 S 型小行星，主要由沙子的成分，也就是硅酸化合物（硅酸盐）构成。

◆ 隼鸟2号

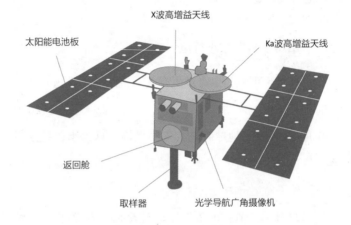

"隼鸟2号"的目的地C型小行星龙宫同为岩石质的小行星，但相比于S型小行星"丝川"，人们预计"龙宫"含有更丰富的有机物和含水矿物。这也意味着它可能和地球上的生命有着某种联系。

这将是人类首次把C型小行星上的岩石带回地球，通过对样本的分析，我们能够了解太阳系内原本存在的有机物究竟是什么样的。因为构成地球等大型天体的原材料都曾经溶解过，我们无法获得溶解前的信息。人们都期待着通过分析样本，能够获得关于地球生命起源的相关线索。

"隼鸟2号"将向小行星表面发射炮弹，制造人工陨

Astronomy 有趣得让人睡不着的天文

石坑。人工环形山虽然直径不过数米左右，但在撞击形成的裸露表面采集岩石样本，可以获得未受到风化及温度影响的新鲜物质。

"隼鸟2号"于2018年抵达"龙宫"，在龙宫上调查一年半后，在2019年年底左右离开龙宫，并于2020年年底返回地球。[1]

在彗星上着陆的罗塞塔号

2004年，欧洲航天局（ESA）发射了彗星探测器"罗塞塔号"。"罗塞塔号"在太阳系内旅行了10年时间，最终在2014年11月向短周期彗星"楚留莫夫－格拉希门克彗星"表面释放了登陆器"菲莱"，这是人类历史上第一个登陆彗星的探测器。

楚留莫夫－格拉希门克彗星的公转周期为6.6年。它是由两颗彗星缓慢相撞后结合而成的，一眼看上去就像是玩具

---

[1]　2019年2月22日，"隼鸟2号"在"龙宫"成功实现短暂着陆。4月5日，"隼鸟2号"成功按计划发射金属弹，在"龙宫"表面制造人造陨石坑。（编辑注）

鸭一样，形态很奇特。鸭子的额头部分就是菲莱的登陆点。

"罗塞塔号"的调查成果，可能会为我们带来关于生命起源的新发现[1]，也许生命之源就是由彗星带到地球的。

人们正在尝试通过"星尘号""隼鸟号""罗塞塔号"以及"隼鸟2号"的调查成果，来解开彗星和小行星究竟是否是生命的起源这一谜题。

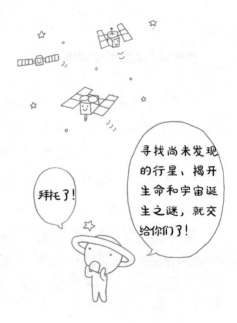

寻找尚未发现的行星、揭开生命和宇宙诞生之谜，就交给你们了！

拜托了！

---

[1] 2016年9月30日，"罗塞塔号"彗星探测器撞向楚留莫夫－格拉希门克彗星，"罗塞塔号"与地面失去联系，正式结束了长达12年的"追星"之旅。（编辑注）

宇宙的时间与人的时间

宇宙日历

宇宙于 138 亿年前在大爆炸中诞生，之后便开始急速膨胀，直到体积已经无比巨大的今天依旧在不断膨胀着。如果只告诉大家宇宙的历史有 138 亿年，这个时间实在是太漫长了，可能很多读者依旧没有概念。我当然也是一样。

在天文学上有一个名为"宇宙日历"的特殊日历，它将 138 亿年的宇宙历史比作日历中的一年，并将这期间宇宙和地球上发生的大事一一对应在一年里，其是由美国天文学家卡尔·萨根博士提出的。

假设宇宙大爆炸（宇宙诞生）是在 1 月 1 日 0 点 0 分 0 秒发生的，而现在则是 12 月 31 日 24 点 0 分，那么在宇宙日历中一个月相当于大约 11.5 亿年，1 日相当于大约 3780 万年。银河系大约在 120 亿年前诞生，在日历上正好相当于 2 月 14 日情人节。46 亿年前诞生的太阳系大约是日历上的 8 月 31 日前后。

人类的诞生

在宇宙日历上的 12 月 25—27 日，恐龙还在地球上优哉游哉地漫步。然而在 12 月 27 日，巨大陨石撞击地球导致了恐龙的灭绝。12 月 31 日晚 8 点刚过，在今年只剩下最后 4 小时的时候，我们人类共同的祖先终于出现了。

而人类拥有文明后到今天为止的时间非常之短。即便一个人能够活 90 岁，在宇宙日历上也不过只经历了 0.2 秒。虽然每一个人都是作为个体生存者，不过在一生之中，我们会在繁衍子嗣、养育后代的同时将文化、文明源源不断地传承下去。

不仅是基因，人类会在生命中不断继承前人所学的知识、所获得的经验。这正是人类的伟大之处。

后记

"担心那些鸡毛蒜皮的小事实在是太没有意义了"——据说有很多人在感到烦恼、失落之时，如果倾听关于星空、宇宙的话题，便会产生这样的感受。

我以前曾经在国立天文台所在的东京都三鹰市，于每周四傍晚举行限员 20 人的小型科学茶话会，目的在于让研究者们同普通市民坦诚交流、畅所欲言，是一种氛围轻松的类似于脱口秀的活动。

2008 年 8 月，一个暴雨倾盆、雷鸣电闪的夜晚，有一位年轻女性在会场的角落里静静地凝视着巨蟹座，她看起来没精打采的，我在一旁看着都觉得很担心。虽然不清楚缘由，不过她似乎是失去了生活的动力，碰巧举办活动的咖啡店店长是她的好朋友，便劝说她来三鹰参加茶话会。

那天茶话会的主题是"138 亿光年的宇宙之旅"，内容是关于我们所居住的这个宇宙的构造与膨胀过程。在听众提问环节结束后，正打算离去的这位女性轻声对我说了一句"宇宙真是广漠浩瀚啊"后便回去了。

后来我听说，那位女性那天听了天文学的故事之后，感到自己的烦恼不过都是些鸡毛蒜皮的小事，之后便慢慢找回了生活的动力。

这件事让我意识到，天文学和宇宙的难题离我们并不遥远，它与我们每一个人都是息息相关的。

与此同时，不仅是天文学在发展，以研究星星、宇宙为乐趣的天文文化也在发展中国家以惊人的速度发展着。最为明显的例子便是南美的哥伦比亚。

哥伦比亚有一座名为麦德林的城市。这个名字对于大多数日本人来说是十分陌生的，但它却被《华尔街日报》评为2013年"最具创新力的城市第一名"。除了美术、音乐、体育之外，其城市建设的另一核心便是天文学这门科学。当地人都非常重视代表性的科技馆、天象仪馆并引以为傲。

哥伦比亚正在进行大幅度的政治改革，试图改变国内恶劣的治安以及对立现象。在这一大环境下，麦德林于2012年建成了一个现代天象仪馆。天象仪馆馆长卡洛斯曾经给我讲过一个很有意思的故事。

一天，有一群 15 岁左右的少年来看天象仪。他们平时也不去学校，一天到晚只知道和其他团体打来斗去，生活散漫放荡。他们看完天象仪内播放的节目之后，团队的领袖说了这么一番话。

"我们天天为了那么一小块地盘争来争去是很不对的。整个地球才是我们人类生活的家园。"在那之后，他们不再同其他暴力团伙争斗，而是回到了校园继续自己的学业。

很多国家的人们都认为，贫困的生活是万恶之元凶，科学技术将使生活变得富裕。而这个故事让我认识到，科学技术不仅会带来物质上的富足，还能够带来精神上的充实。

本书广泛而深入地介绍了关于天文学的趣味知识。但星空与宇宙的真正魅力，是无法完全通过现有的媒体及网络展现的。揭示宇宙奥妙的第一线，还要数宇宙空间（人造卫星、太空望远镜）或是远离人烟的高山之上（昴、ALMA 等）。

希望大家能够借着阅读本书的机会，前往全国各地的天文台去看一看。我希望能够让各位研究员有更多的机会直接介绍自己的研究。

县秀彦

记于蒙古国色楞格省一小村宿舍内

参考文献

图书类：

《黑夜：宇宙的一个谜》：［美］爱德华·哈里森著，［日］长泽工监译，日本地人书馆 2004 年出版。

《哈勃：拓展了宇宙的人》：［日］家正则著，日本岩波书店"岩波Junior新书"2016 年出版。

《理科年表：平成 28 年》：日本国立天文台编，日本丸善 2015 年出版。

《天文年鉴 2016》：［日］天文年鉴编辑委员会编，日本诚文堂新光社 2015 年出版。

《外星生命》：［日］县秀彦著，日本幻冬舍"幻冬舍教育新书"2015 年出版。

《猎户座已经消失了？》：［日］县秀彦著，日本小学馆"小学馆 101 新书"2012 年出版。

《小王子的天文笔记》：［日］县秀彦著，日本河出书房新社2013年出版。

《天文学图鉴》：［日］县秀彦主编，［日］池田圭一著，日本技术评论社2015年出版。

网站类：

日本国立天文台官方网站　http://www.nao.ac.jp/

JAXA官方网站　http://www.jaxa.jp/

NASA官方网站　https://www.nasa.gov/

References

参考文献